高等学校应用型本科创新人才培养计划指定教材

高等学校计算机类专业"十三五"课改规划教材

HTML5 程序设计及实践

青岛英谷教育科技股份有限公司　编著

西安电子科技大学出版社

内 容 简 介

本书介绍了 HTML5 和 CSS3 开发技术,分为理论篇和实践篇。理论篇介绍了 HTML5 的布局、表单、画布、拖放、视频和音频、离线缓存、本地数据库、多线程及 CSS3 等技术。实践篇通过综合运用 HTML5 和 CSS3 技术,完成了效果丰富的网站展示项目。

本书重点突出、偏重应用,结合理论篇的实例和实践篇的案例讲解、剖析,读者能迅速理解并掌握 HTML5 和 CSS3 的基本知识,全面提高动手能力。

本书适用面广,可作为本科计算机科学与技术、软件工程、网络工程、计算机软件、计算机信息管理、电子商务和经济管理等专业的程序设计课程的教材。

图书在版编目(CIP)数据

HTML5 程序设计及实践/青岛英谷教育科技股份有限公司编著.
—西安:西安电子科技大学出版社,2016.1(2020.1 重印)
高等学校计算机类专业"十三五"课改规划教材
ISBN 978-7-5606-3989-5

Ⅰ. ① H… Ⅱ. ① 青… Ⅲ. ① 超文本标记语言—程序设计—高等学校—教材 Ⅳ. ① TP312

中国版本图书馆 CIP 数据核字(2016)第 002829 号

策　　划　毛红兵
责任编辑　阎　彬
出版发行　西安电子科技大学出版社(西安市太白南路 2 号)
电　　话　(029)88242885　88201467　　　邮　编　710071
网　　址　www.xduph.com　　　　　　电子邮箱　xdupfxb001@163.com
经　　销　新华书店
印刷单位　陕西天意印务有限责任公司
版　　次　2016 年 1 月第 1 版　　2020 年 1 月第 4 次印刷
开　　本　787 毫米×1092 毫米　1/16　印　张　17.5
字　　数　411 千字
印　　数　9001～12 000 册
定　　价　48.00 元
ISBN 978-7-5606-3989-5/TP
XDUP 4281001-4
如有印装问题可调换

高等学校计算机专业类
"十三五"课改规划教材编委会

主编 王　燕

编委 王成端　　薛庆文　　孔繁之　　李　丽
　　　　张　伟　　李树金　　高仲合　　吴自库
　　　　陈龙猛　　张　磊　　吴海峰　　郭长友
　　　　王海峰　　刘　斌　　禹继国　　王玉锋
　　　　吕健波

❖❖❖ 前　　言 ❖❖❖

　　本科教育是我国高等教育的基础，而应用型本科教育是高等教育由精英教育向大众化教育转变的必然产物，是社会经济发展的要求，也是今后我国高等教育规模扩张的重点。应用型创新人才培养的重点在于训练学生将所学理论知识应用于解决实际问题，这主要依靠课程的优化设计以及教学内容和方法的更新。

　　另外，随着我国计算机技术的迅猛发展，社会对具备计算机基本能力的人才的需求急剧增加，"全面贴近企业需求，无缝打造专业实用人才"是目前高校计算机专业教育的革新方向。为了适应高等教育体制改革的新形势，积极探索适应 21 世纪人才培养的教学模式，我们组织编写了高等学校计算机类专业系列课改教材。

　　该系列教材面向高校计算机类专业应用型本科人才的培养，强调产学研结合，具体内容经过了充分的调研和论证，并参照多所高校一线专家的意见，具有系统性、实用性等特点，旨在帮助读者系统掌握软件开发知识，同时提高其综合应用能力和解决问题的能力。

　　该系列教材具有如下几个特色。

1. 以培养应用型人才为目标

　　本系列教材以培养应用型计算机软件人才为目标，在原有体制教育的基础上对课程进行了改革，强化"应用型"技术的学习，使读者在经过系统、完整的学习后能够掌握如下技能：

- ◇ 掌握软件开发所需的理论和技术体系以及软件开发过程规范体系；
- ◇ 熟练地进行设计和编码工作，并具备良好的自学能力；
- ◇ 具备一定的项目经验，能够胜任代码调试、文档编写、软件测试等工作；
- ◇ 达到软件企业的用人标准，做到学校学习与企业工作的无缝对接。

2. 以新颖的教材架构来引导学习

　　本系列教材采用的教材架构打破了传统的以知识为标准编写教材的方法，采用理论篇与实践篇相结合的组织模式，引导读者在学习理论知识的同时，加强实践动手能力的训练。

- ◇ 理论篇：学习内容的选取遵循"二八原则"，即重点内容由企业中常用的 20%的技术组成。每个章节设有本章目标，明确本章学习重点和难点，章节内容结合示例代码，引导读者循序渐进地理解和掌握这些知识和技能，培养学生的逻辑思维能力，掌握软件开发的必备知识和技巧。
- ◇ 实践篇：集多点于一线，以任务驱动，以完整的具体案例贯穿始终，力求使学生在动手实践的过程中，加深对课程内容的理解，培养学生独立分析和解决问题的能力；通过配备相关知识的拓展讲解和拓展练习，拓宽学生的知识面。

另外，本系列教材借鉴了软件开发中的"低耦合，高内聚"的设计理念，在组织结构上遵循软件开发中的 MVC 理念，教师在保证最小教学集的前提下可以根据实际情况对整个课程体系进行横向或纵向裁剪。

3. 提供全面的教辅产品来辅助教学实施

为充分体现"实境耦合"的教学模式，方便教学实施，本系列教材配备可配套使用的项目实训教材和全套教辅产品。

- ◆ 实训教材：集多线于一面，以辅助教材的形式提供适合当前课程(及先行课程)的综合项目，遵循软件开发过程进行讲解、分析、设计、指导，注重工作过程的系统性，培养读者解决实际问题的能力，是实施"实境"教学的关键环节。
- ◆ 立体配套：为适应教学模式和教学方法的改革，本系列教材提供完备的教辅产品，主要包括教学指导、实验指导、电子课件、习题集、实践案例等内容，并配以相应的网络教学资源。教学实施方面，本系列教材提供全方位的解决方案(课程体系解决方案、实训解决方案、教师培训解决方案和就业指导解决方案等)，以适应软件开发教学过程的特殊性。

本书由青岛英谷教育科技股份有限公司编写，参与本书编写工作的有王燕、宁维巍、宋国强、何莉娟、杨敬熹、田波、侯方超、刘江林、方惠、莫太民、邵作伟、王千等。本书在编写期间得到了各合作院校专家及一线教师的大力支持与协作，在此，衷心感谢每一位老师与同事为本书出版所付出的努力。

由于水平有限，书中难免有不足之处，欢迎大家批评指正！读者在阅读过程中若发现问题，可以通过电子邮箱(yujin@tech-yj.com)联系我们，以便我们进一步完善。

本书编委会

2015 年 11 月

目 录

理 论 篇

第1章 浏览器和 HTML5 ... 3
- 1.1 认识浏览器 ... 4
  - 1.1.1 浏览器的起源 ... 4
  - 1.1.2 浏览器的发展 ... 5
  - 1.1.3 移动端浏览器 ... 6
- 1.2 HTML5 简介 ... 7
  - 1.2.1 HTML5 是什么 ... 7
  - 1.2.2 浏览器的支持度 ... 8
  - 1.2.3 移动设备的支持度 ... 9
- 1.3 HTML5 元素和文档格式 ... 10
  - 1.3.1 HTML5 语法规范 ... 10
  - 1.3.2 HTML5 新元素 ... 12
  - 1.3.3 HTML5 文档结构 ... 15
- 1.4 HTML5 应用前景和市场 ... 17
- 1.5 开发环境和工具 ... 18
- 本章小结 ... 20
- 本章练习 ... 20

第2章 HTML5 布局 ... 21
- 2.1 HTML5 结构元素 ... 22
  - 2.1.1 文章结构 ... 22
  - 2.1.2 内容分段 ... 23
  - 2.1.3 辅助信息 ... 25
  - 2.1.4 导航信息 ... 26
  - 2.1.5 显示/隐藏内容 ... 27
  - 2.1.6 定义对话框 ... 27
  - 2.1.7 图文结构 ... 29
- 2.2 HTML5 样式元素 ... 30
  - 2.2.1 mark 元素 ... 30
  - 2.2.2 meter 元素 ... 30
  - 2.2.3 progress 元素 ... 31
  - 2.2.4 wbr 元素 ... 31
  - 2.2.5 time 元素 ... 32
- 本章小结 ... 32
- 本章练习 ... 32

第3章 HTML5 表单 ... 33
- 3.1 概述 ... 34
- 3.2 新的表单域 ... 34
  - 3.2.1 color 类型 ... 35
  - 3.2.2 date 类型 ... 35
  - 3.2.3 datetime 类型和 datetime-local 类型 ... 36
  - 3.2.4 month 类型 ... 36
  - 3.2.5 week 类型 ... 37
  - 3.2.6 time 类型 ... 37
  - 3.2.7 email 类型 ... 38
  - 3.2.8 url 类型 ... 38
  - 3.2.9 number 类型 ... 38
  - 3.2.10 range 类型 ... 39
  - 3.2.11 search 类型 ... 39
- 3.3 新的表单域属性 ... 40
  - 3.3.1 autofocus 属性 ... 40
  - 3.3.2 form 属性 ... 40
  - 3.3.3 formaction 属性 ... 41
  - 3.3.4 formenctype 属性 ... 42
  - 3.3.5 formmethod 属性 ... 43
  - 3.3.6 formnovalidate 属性 ... 44
  - 3.3.7 formtarget 属性 ... 44
  - 3.3.8 height 和 width 属性 ... 45
  - 3.3.9 list 属性 ... 46
  - 3.3.10 min 和 max 属性 ... 46

    3.3.11　multiple 属性 47
    3.3.12　pattern 属性 47
    3.3.13　placeholder 属性 48
    3.3.14　required 属性 48
    3.3.15　step 属性 49
  3.4　新的 form 元素 49
    3.4.1　datalist 元素 50
    3.4.2　keygen 元素 50
    3.4.3　output 元素 51
  3.5　新的 form 属性 51
    3.5.1　autocomplete 属性 51
    3.5.2　novalidate 属性 52
  本章小结 52
  本章练习 52

第 4 章　HTML5 画布 53
  4.1　绘制图形 54
    4.1.1　什么是 Canvas 54
    4.1.2　如何使用 Canvas 绘制图形 54
    4.1.3　绘制直线 54
    4.1.4　绘制渐变线条 55
    4.1.5　绘制矩形 56
    4.1.6　绘制线性渐变的矩形 57
    4.1.7　绘制圆形和圆弧 58
  4.2　绘制文字 59
  4.3　绘制图像 61
  4.4　阴影效果 62
  4.5　动画效果 63
  本章小结 68
  本章练习 68

第 5 章　HTML5 拖放 69
  5.1　拖放实现方式 70
  5.2　dataTransfer 对象 72
    5.2.1　dataTransfer 对象属性 72
    5.2.2　dataTransfer 对象方法 73
    5.2.3　使用 dataTransfer 对象 74
  5.3　拖放文件 77
  本章小结 78

  本章练习 78

第 6 章　HTML5 音频和视频 79
  6.1　Web 上的音频 80
    6.1.1　音频格式 80
    6.1.2　audio 元素的属性、方法和事件 80
  6.2　Web 上的视频 82
    6.2.1　视频格式 82
    6.2.2　video 元素的属性、方法和事件 82
    6.2.3　使用 DOM 进行视频控制 83
  本章小结 88
  本章练习 88

第 7 章　HTML5 Web 存储 89
  7.1　Web 存储 90
    7.1.1　什么是 Web 存储 90
    7.1.2　Cookie 和 Web 存储的优缺点 90
    7.1.3　Web 存储 API 91
  7.2　Web SQL Database 95
  本章小结 100
  本章练习 100

第 8 章　HTML5 应用程序缓存 101
  8.1　应用程序缓存的应用场景 102
  8.2　应用程序缓存和浏览器缓存的区别 102
  8.3　浏览器支持情况 103
  8.4　如何实现应用程序缓存 103
    8.4.1　搭建离线缓存应用程序 103
    8.4.2　更新缓存 108
  本章小结 112
  本章练习 112

第 9 章　HTML5 多线程处理 113
  9.1　HTML5 多线程概述 114
  9.2　使用 Web Workers 114
    9.2.1　建立主页 Worker 和监听器 115
    9.2.2　添加 Worker 中的监听器和
           JavaScript 脚本 115
    9.2.3　多线程通信的示例演示 115

本章小结 118
本章练习 118

第 10 章　HTML5 手机应用开发 119
10.1　移动设备页面匹配 120
10.2　定位用户的位置 124
　　10.2.1　Geolocation 对象 124
　　10.2.2　使用百度地图定位 128
本章小结 131
本章练习 132

第 11 章　CSS3 133
11.1　选择器 134
　　11.1.1　属性选择器 134
　　11.1.2　结构伪类选择器 136
　　11.1.3　UI 伪类选择器 143
11.2　背景和边框 145
　　11.2.1　多色边框 145
　　11.2.2　边框背景图片 146
　　11.2.3　圆角边框 147
　　11.2.4　设计阴影 149
　　11.2.5　设计背景 150
　　11.2.6　透明背景色 152

11.3　文本效果 153
　　11.3.1　设计文本阴影 153
　　11.3.2　定义文本样式 155
11.4　多列布局 161
　　11.4.1　定义列宽与列数 161
　　11.4.2　定义列间距 163
　　11.4.3　定义列边框样式 164
　　11.4.4　定义跨列显示 165
11.5　用户界面 166
　　11.5.1　改变盒模型模式 167
　　11.5.2　调节元素尺寸 168
　　11.5.3　控制显示内容 169
　　11.5.4　恢复默认样式 170
11.6　转换与动画 171
　　11.6.1　2D 转换 171
　　11.6.2　平滑过渡 176
　　11.6.3　动画效果 178
11.7　CSS3 其他新特性 179
　　11.7.1　渐变背景 180
　　11.7.2　设计倒影 181
本章小结 182
本章练习 182

实　践　篇

实践 1　HTML5 布局 185
实践指导 185
　　实践 1.1 185
　　实践 1.2 187
拓展练习 206

实践 2　HTML5 表单 207
实践指导 207
　　实践 2.1 207
拓展练习 216

实践 3　HTML5 画布 217
实践指导 217
　　实践 3.1 217
拓展练习 221

实践 4　HTML5 拖放 222

实践指导 222
　　实践 4.1 222
拓展练习 227

实践 5　HTML5 音频与视频 228
实践指导 228
　　实践 5.1 228
拓展练习 233

实践 6　HTML5 Web 存储 234
实践指导 234
　　实践 6.1 234
　　实践 6.2 239
拓展练习 245

实践 7　HTML5 应用程序缓存 246
实践指导 246

实践 7.1 246
　　实践 7.2 248
　拓展练习 251
实践 8　HTML5 多线程处理 252
　实践指导 252
　　实践 8.1 252
　　实践 8.2 254
　拓展练习 258
实践 9　CSS3 259
　实践指导 259

　　实践 9.1 259
　　实践 9.2 260
　　实践 9.3 260
　　实践 9.4 261
　　实践 9.5 262
　　实践 9.6 264
　　实践 9.7 266
　　实践 9.8 267
　　实践 9.9 268
　拓展练习 270

理论篇

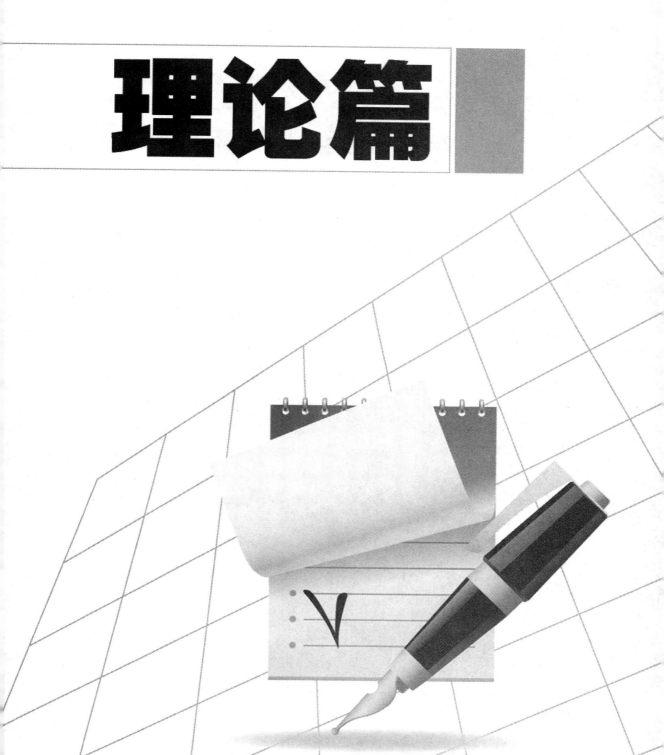

第1章　浏览器和 HTML5

本章目标

- 了解浏览器及其发展史
- 掌握 HTML5 的概念
- 熟悉浏览器对 HTML5 的支持
- 掌握 HTML5 的语法规范
- 掌握 HTML5 的新元素
- 掌握 HTML5 的文档结构
- 了解 HTML5 应用前景和市场
- 掌握 HTML5 的开发环境和工具

HTML5 程序设计及实践

1.1 认识浏览器

浏览器(Browser)是一个软件程序，用于与 WWW 建立连接并与之进行通信。它可以在 WWW 中根据超链接确定信息资源的位置，并将用户感兴趣的信息资源显示出来。通过浏览器，用户可以查阅网上的相关信息。

1.1.1 浏览器的起源

自从 1994 年 Netscape 向 Mosaic 发起挑战开始，各大 IT 公司就一直在争夺浏览器市场。下面回顾一下自互联网诞生以来所发生的几次最经典的浏览器大战。

所有的传奇都始于 World Wide Web，即我们所熟知的 WWW——万维网。万维网的发明人是被称为"互联网之父"的 Tim Berners-Lee，他同时也发明了第一个网络浏览器，不过这个浏览器是专门为 NeXT 平台开发的，并不是普通大众都可以使用的。很快，其他类型的网络浏览器接踵而至——www、Erwise、Midas、ViolaWWW、Cello，等等。但是，真正开启互联网时代的浏览器是 1993 年发布的 Mosaic。

Mosaic 是互联网历史上第一个被普遍使用并能够显示图片的网络浏览器。它是由美国国家超级计算机应用中心(National Center for Supercomputer Applications，NCSA)的两位科学家 Marc Andreessen 和 Eric Bina 编写的。Mosaic 是点燃互联网热潮的火种之一，后来网景开发 Navigator 浏览器时，聘用了许多原来的 Mosaic 浏览器工程师。

1993 年 3 月，第一个面向普通用户的 Mosaic 预览版发布，最初它是基于 UNIX 系统编写的，不久之后，Mosaic 浏览器被移植到 Mac 系统和 Windows 系统之上，从而让普通的电脑用户第一次有机会接触到神奇的互联网。

1995 年 8 月，Internet Explorer 1.0 (以下简称 IE 1.0)正式发布。它的出现在两个浏览器之间开启了一系列充满争议的竞争。由于 IE 浏览器捆绑在 Windows 操作系统中，安装方便、简单易用，所以市场份额不断上升，培养出了一大批铁杆粉丝。

但对于微软来讲，非常不幸的是 IE 网络浏览器加载网页的速度要远远慢于 Netscape Navigator。更糟糕的是，IE 1.0 跟很多网站都不能百分之百地兼容，因为很多网站开发者首先考虑的是要保证与 Netscape Navigator 的兼容性。为此，在 IE 1.0 发布大约 3 个月之后，微软公司以飞快的速度发布了 Internet Explorer 修订版。

网络浏览器的出现对人们的生活产生了重大影响。毫无疑问，从第一个最受欢迎的浏览器 Mosaic 出现到现在，网络浏览器已经彻底地改变了历史。它改变了我们的学习方式、言论与交流方式、生活购物方式等，进而影响我们的思考方式。浏览器的产生不仅推动了网络的普及与发展，更加推动了信息化时代的到来。

浏览器作为网络普及中的核心因素之一，它的发展就是网络发展的写照。浏览器技术的改进与更新，无疑是网络普及的重要推动力之一。

目前典型的网络浏览器有 Internet Explorer、Chrome、Mozilla Firefox、Safari、Opera 等，它们适用于各种不同的环境。另外，国内互联网厂商也在逐步发展自己的浏览器，代表性的有搜狗浏览器、傲游浏览器、百度浏览器、猎豹浏览器、QQ 浏览器、360 浏览器等。

在浏览器的发展历程中，有几款主流浏览器必定会被写入互联网发展史。这些浏览器包括 Mosaic 浏览器、网景浏览器(Netscape Navigator)、IE 浏览器(Internet Explorer)、Opera 浏览器、Mozilla Firefox 浏览器、Chrome 浏览器等。

1.1.2 浏览器的发展

1992 年，托尼·约翰逊(Tony Johnson)发布了 Midas，它允许用户浏览 UNIX 和 VMS 网页上的文档。

1993 年，NCSA 发布了 Mosaic 浏览器。

1994 年，网景公司(Netscape)发布了 Navigator 浏览器。

1995 年，IE 浏览器(Internet Explorer)的发布掀起了"浏览器之战"。

1996 年，网景公司的 Navigator 浏览器所占有的浏览器市场份额达 86%。微软公司开始将 IE 浏览器整合到 OS(操作系统)中。

1996 年 9 月，Opera 浏览器面世。

1998 年，网景公司启动其开源产品，开始推出 Mozilla。这一年的下半年，网景公司被 AOL(美国在线服务公司)收购。

2002 年，Firefox(火狐)浏览器面世。

2003 年，苹果公司发布 Safari 浏览器。

2004 年，IE 浏览器所占有的市场份额达到了历史顶峰——92%。自此以后，其市场份额开始下滑。

2006 年 6 月，Firefox 3 的发布创下了吉尼斯世界纪录——一天有 800 万人下载。

2006 年 10 月，专为 Windows XP、Windows Server 2003 和 Windows Vista 而设计的 IE 7 面世。

2008 年，谷歌公司发布 Chrome 浏览器。

2009 年，专为 Windows 7、Windows Server 2003 与 2008、Windows Vista 和 Windows XP 设计的 IE 8 面世。同年，Firefox 3.5 面世。它是第一款支持多点触控的浏览器。

2010 年，谷歌公司发布了 Chrome 5.0 浏览器。它是第一款稳定支持三个平台的浏览器，还是第一款有书签同步功能(bookmark synchronization)的浏览器。

2011 年，微软发布 IE 9，IE 9 采用了新的 JavaScript 引擎 Chakra，使网页加载速度更快，同时利用显卡 GPU 加速文字和图形的渲染，使 CPU 的负担大大减轻。另外，IE 9 开始支持 HTML5 和 CSS3。

2012 年，Windows 8 正式上市后，IE 10 问世。

2013 年，随着 Windows 8.1 的正式发布，IE 11 问世。IE 11 在 IE 10 的基础上再次扩大对 HTML5 和 CSS3 的支持，如支持 HTML5 拖放、HTML5 全屏、CSS 边框图、视频码率控制、视频字幕隐藏、媒体加密、WebGL 等，使得 IE 11 全面支持 HTML5 新特性。

常见网页浏览器的图标如图 1-1 所示。

图 1-1 常见网页浏览器的图标

1.1.3 移动端浏览器

手机浏览器是一种用户在手机终端上通过无线通信网络浏览互联网内容的移动互联网工具，其最主要功能为浏览网页，同时还提供其他功能，如导航、社区、多媒体影音、天气、股市等，为用户提供全方位的移动互联网服务。

近年来，我国移动互联网发展势头迅猛，手机浏览器的战略地位凸显，众多实力雄厚的互联网企业纷纷加大手机浏览器市场的布局，投入大量的资金和人力，抢占手机浏览器市场。

从手机浏览器市场的发展过程来看，2009 年，中国手机浏览器市场处于市场探索初期，手机浏览器厂商通常采用面向用户免费的策略，以此抢占用户市场。该阶段手机浏览器的产业价值链比较短，主要包括开发、运营和用户，并未涉及大量的广告内容。

从 2010 年开始，较具实力的手机浏览器厂商(如手机 QQ 浏览器等)纷纷开始提高手机浏览器的竞争力，百度、谷歌等厂商也陆续进入手机浏览器市场，手机浏览器市场"预装收取服务费、广告收费、用户使用或增值业务收费"的商业模式在逐步形成。随着手机浏览器用户黏性的逐步养成，用户规模将趋于稳定。截至 2015 年 6 月，中国网民规模达 6.68 亿，其中手机网民规模达 5.94 亿，网民中使用手机上网的人群占比提升至 88.9%，手机浏览器的重要性越来越明显。

展望未来，随着三网融合进程的不断推进，广电网、电信网和互联网的网络融合将使手机发展成为具备看电视、语音通信以及网络服务的全能终端，手机浏览器作为手机端重要的网络入口，其战略地位将进一步提升。同时，国家层面正积极推动物联网发展，未来将有更多具备上网功能的终端出现，跨媒体网络融合的趋势将使手机浏览器获得更多的发展空间。

从技术层面来看，当前手机浏览器市场处于优化用户体验、引导用户需求阶段，长远来看，满足个性化的用户需求将最终成为指导应用软件发展的唯一标准。3G/4G 网络的发展将大幅度改善数据传输的速度，这是移动互联网实现快速发展的条件，也是"云计算"得以实现的前提。而"云计算"的实现将解除手机终端对用户的束缚，手机浏览器将成为沟通用户与"云"端服务器的重要渠道，其战略地位将无可替代。

在手机平台上，Google、Apple、Molliza、Microsoft 等这些大的浏览器厂商也在围绕 HTML5 做工作。现在最新版本的浏览器都会适配 HTML5 和 CSS3 技术，比如提高对新的 Canvas 元素的支持和渲染能力等。

未来，对 HTML5 的支持或将成为浏览器市场的分水岭。尤其是在竞争激烈且市场前景看好的手机浏览器领域，HTML5 技术关系到手机浏览器产品的未来。目前，谷歌的 Chrome 浏览器和苹果的 Safari 浏览器已经完美支持 HTML5 技术标准，国内主流的第三方浏览器 UC 浏览器也已经部分支持 HTML5。

对 HTML5 网页的支持，仅仅是一个开始。未来，会有越来越多的基于 HTML5 开发的 APP。浏览器作为平台，也将具备强大的 HTML5 APP 扩展支持能力。

1.2 HTML5 简介

广义论及 HTML5 时，实际指的是包括 HTML5、CSS3 和 JavaScript 在内的一套技术组合。该套技术组合希望能够减少浏览器在构建丰富性网络应用(plug-in-based rich internet application，RIA)时对插件，如 Adobe Flash、Microsoft Silverlight 等的依赖，并且提供更多能有效提升网络应用体验的标准集。

1.2.1 HTML5 是什么

从 1991 年世界上第一个网页诞生以来，HTML 作为万维网最主要的语言一直在不断发展与进化。1999 年，HTML4 成为 W3C 推荐的标准规范，并在此后很长一段时间，被作为网络开发和浏览器实现的官方指导标准。但网络的发展从未停滞不前，随着机器硬件配置和软件支持的不断升级，HTML 也在持续地向前发展。

HTML5 的诞生，是对浏览器和网页开发技术的改进，是一系列 Web 标准草案的集合。HTML5 能始终坚持不断发展，并很快得到广泛认可，与其在制定之初就确立的核心理念有很大的关系。这些核心理念概括起来就是——兼容性、实用性、互操作性以及普遍可访问性。

相比于 HTML4，HTML5 可以做到的显然要更多。

- ◇ 音频、视频不再需要插件的支持，避免插件安装失败等可能导致的问题。
- ◇ JavaScript 能力大大增强，借助 HTML 中新增的<canvas>元素可以在网页中实时绘制 2D 和 3D 图形。
- ◇ CSS3 的强大和良好的支持度让网页变得更加生动，同时还可以利用浏览器本身的硬件加速完成 transition、animation 动画效果以及合成(compositing)。
- ◇ 网页可以直接通过 JavaScript 访问摄像头、陀螺仪等硬件设备。

HTML5 可以让网页做得和原生应用一样强大、一样优秀。HTML5 的优势包括以下几点：

(1) Canvas 带来实时绘制的便利。

Canvas 本身是 HTML5 中新增的一个元素，通过这个元素，可以用 JavaScript 来实时绘图。

Canvas 不仅仅支持 2D 绘制模式，同时也支持 3D 绘制模式，即平时所称的 WebGL。Canvas 的出现对于网页开发来说具有革命性的意义，网页游戏从此不再局限于 Flash 这一种实现方式，除了免除插件安装可能引起的失败及插件带来的崩溃之外，Canva 绘图能借力于浏览器自身的硬件加速，在效率方面不需要开发者费心。除了游戏之外，在数据可视化方面，Canvas 表现得也非常优秀，数据图表可根据数据实时变化，并可建立三维模型让用户从各个角度看得更加透彻。目前基于 Canvas 的类库较多，也比较成熟，相对 Flash 来说，开发成本也较低。

(2) Web Notifications 带来更友好的桌面通知。

Web Notifications 提供两种桌面通知方式，分别是 text 和 html 方式。通过 Web Notifications 接口显示的桌面通知不需要当前页面处于活跃状态，只要浏览器进程存在即可；而传统的通知方式通常显示在本页面内，如果当前用户的焦点不在需要发送通知的页面，用户是很难察觉到的。

(3) 基于 Geolocation 提供的位置信息，网页可以提供更好的服务。

在 Geolocation API 出现之前，基于 IP 地址的地理定位是获得位置信息的唯一方式，但其返回的位置信息准确度取决于 IP 地址库的精确度。一般来说，这样的定位方式通常只能精确到城市级别，且在服务器端处理，对服务器会产生压力。

Geolocation API 不指定浏览器通过使用何种设备底层技术来定位，一般来说设备可以使用 IP 地址、GPS、Wi-Fi 接入点、手机通信基站等综合信息来确定用户当前所在位置。在无线网络下精确度一般会高一些，除了给出当前设备所在经纬度坐标之外，还能提供位置坐标的准确度。在设备支持的情况下，Geolocation API 还可提供海拔、海拔准确度、行驶方向和行驶速度等信息。

(4) 网络实时通信。

网络实时通信(Web Real Time Communication，WebRTC)主要用来让浏览器实时获取和交换视频、音频及数据，通过 getUserMedia API 完成对摄像头和麦克风设备的访问，并且在网页中展示影像和声音。

(5) Video 标签带来可与网页内容交互的视频。

Video 标签不仅仅提供了一种无需插件就可播放视频的方式，更重要的是通过 Video 标签播放的视频不再是独立的个体，而是可以与网页中的其他元素交互，真真正正成为网页中的一部分。例如，通过与 Canvas 元素结合，Video 标签可以将视频的每一帧做变形和动画，甚至还可以对视频中的内容做图像识别；通过与 Page Visibility API 结合，在当前页面不是活动状态时停止视频播放，使用户体验得到进一步提升。

(6) 使用 Application Cache 并配合本地存储，打造离线访问的新体验。

Application Cache 处于浏览器缓存之上。正确使用 Application Cache 可以有效减少网络请求数，带来真正的离线应用体验。但是对于 Wiki 百科、大众点评或者天气预报这样的站点而言，把所有访问过的页面都通过 Application Cache 缓存下来显然不是一种好方法，如果借助本地存储来存储数据，把用于页面展示的 HTML 模板放在缓存中，则会好很多。

1.2.2 浏览器的支持度

在 Web 标准的发展过程中，浏览器厂商的态度一直对标准的制定和变化有着非常重要的影响。到目前为止，除 IE 外的独立内核浏览器，在诞生之初就将对标准的支持放在很重要的位置，并通过自动升级，始终保证用户使用支持最新特性的版本，所以从 HTML5 诞生的那一刻，浏览器就紧随其发展。只有 IE 一直特立独行，在 IE 9 之前的版本对 HTML5 的支持度非常低，并且也不支持自动升级。而 2012 年 5 月之前，IE 始终都占据着浏览器市场的霸主地位，这在很大程度上阻碍了 HTML5 的发展。幸运的是，从 2012 年初开始，情况逐渐好转。IE 9 开始向 HTML5 标准靠拢，并在 Canvas 硬件加速、

h.264 视频格式、SVG、CSS3 等方面做出很大改进。IE 10 则更向前迈进了一大步，在 CSS3、表单元素、离线存储、网络传输、多线程计算(Web Workers)、动画等方面都有巨大改善，对 HTML5 的支持度已经由 IE 9 的 40%上升到 68%。微软在浏览器市场竞争中正在加速前进。

从国际形势看，通过对比各个独立内核浏览器(IE、Firefox、Chrome、Safari、Opera)的各个版本，不难发现各大浏览器对标准的支持度都有显著提高，如图 1-2 所示。

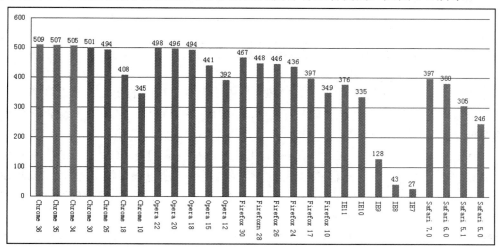

图 1-2　PC 端浏览器对 HTML5 的支持度

1.2.3　移动设备的支持度

数据显示，移动平台上主流浏览器对 HTML5 标准的支持度均高于 60%，如图 1-3 所示。

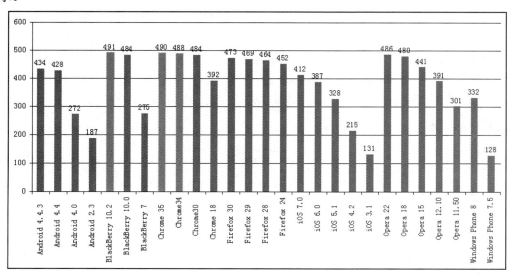

图 1-3　手机浏览器对 HTML5 的支持度

随着移动设备的快速发展及更新换代,移动端的处理能力将有显著提高。同时,随着 HTML5 从业者数量的不断增加和技术能力的不断提升,以及 HTML5 工具的不断完善,一些商业巨头的杀手级 HTML5 应用正陆续出现。

相对于 PC 平台而言,移动平台一直是开发者更为关心的,因为移动平台浏览器品种较少,版本也普遍集中在最新正式版。同时,由于移动设备的更新换代速度要比 PC 更快,硬件支持和浏览器的状况都要比 PC 平台的状况更好。

1.3 HTML5 元素和文档格式

尽管与 HTML 早期版本相比,HTML5 在语法上有了很大的变化,但是这些变化与其他开发语言的语法变化在根本意义上有所不同,因为在 HTML5 之前几乎没有符合标准规范的 Web 浏览器。

HTML 的语法是在 SGML 语言的基础上建立起来的。但是 SGML 语法非常复杂,要开发能够解析 SGML 语法的程序也不是很容易的事情,所以很多浏览器都不包括 SGML 的分析器。因此,虽然 HTML 基本上遵从 SGML 语法,但是对于 HTML 的执行,在各浏览器之间并没有一个统一的标准。

提高 Web 浏览器之间的兼容性是 HTML5 的一个重要目标。为了确保兼容性,就要有一个统一的标准,因此,HTML5 围绕这个标准,重新定义了一套在现有 HTML 基础上修改而来的语法,使各浏览器都能够符合这个通用的标准。

1.3.1 HTML5 语法规范

1. HTML5 中的标记方法

(1) 内容类型(ContentType)。与之前版本的 HTML 相比,HTML5 的文件扩展名和内容类型都保持不变。扩展名仍然为".html"或".htm",内容类型仍然为"text/html"。

(2) DOCTYPE 声明。DOCTYPE 声明是 HTML 文件中必不可少的,它位于文件的第一行。在 HTML4 中,声明方法的代码如下:

```
<!DOCTYPE html PUBLIC"-//W3C//DTD XHTML 1.0 Transitional//EN"
"http://www.w3.org/TR/xhtml1/DTD/xhtml1-transitional.dtd">
```

HTML5 没有使用版本声明,一份文档会适用于所有版本的 HTML。HTML5 中的 DOCTYPE 声明方法的代码如下:

```
<!DOCTYPE html >
```

在 HTML5 中 DOCTYPE 声明方式是不区分大小写的,引号也不区分是单引号还是双引号。

(3) 指定字符编码。在 HTML4 中,使用 meta 元素指定文件中的字符编码,代码如下:

```
<meta http-equiv="Content-Type" content="text/html;charset=UTF-8">
```
在 HTML5 中，可以直接使用 meta 元素的 charset 属性来指定字符编码，代码如下：
```
<meta charset="UTF-8">
```
两种方法都是有效的，但是两种方法不能混合使用。从 HTML5 开始，对于文件的字符集编码，推荐使用 UTF-8。

2．HTML5 与之前 HTML 版本的兼容性

HTML5 语法为了保证与之前版本的 HTML 语法达到最大程度的兼容，明确地规定了一些兼容性情况的处理方式。例如，没有结束标记的<p>标签在之前版本的 HTML 代码中随处可见，在 HTML5 中并没有把这种情况作为错误来处理，而是允许存在这种情况。

那么针对上面的情况，在 HTML5 中是如何确保元素可以与之前版本的 HTML 达到兼容的呢？

(1) 元素标记的变化。

为了解决元素兼容的问题，HTML5 将元素的标记分为三种类型，如表 1-1 所示。

表 1-1　HTML5 元素类型

类型	元素	示例

不允许定义结束标签的元素	area、base、br、col、command、embed、hr、img、input、heygen、link、meta、param、source、track 等	正确的写法：
		`<input type="text" />`
		错误的写法：
		`<input type="text"> </input>`

可以省略结束标签的元素	li、dt、dd、p、rt、rp、optgroup、option、colgroup、thead、tbody、tfoot、tr、td、th 等	例如：换行符正确的书写方式为` `，在 HTML5 中也可以写成` `，即可以省略结束标记"/"
可以省略全部标签的元素	html、head、body、colgroup、tbody 等	这些元素可以完全被省略，但是注意，即使标记被省略，元素还是以隐式的形式存在

(2) 元素属性的变化。

对于具有 boolean 值的属性，例如 disabled 和 readonly 等，当只写属性名而不指定属性值时，则默认缺省值为 true；如果想要将属性值设为 false，可以不使用该属性。另外，如果想将属性值设置为 true，也可以将属性值设定为属性名，或设定为空字符串。例如：

```
<!-- 只写属性不写属性值代表属性值默认为 true -->
<input type="checkbox" checked />
<!-- 不写属性代表属性值默认为 false-->
<input type="checkbox" />
<!-- 属性值＝属性名，代表属性值为 true-->
<input type="checkbox" checked="checked" />
```

(3) 元素引号的变化。

通常情况下，指定属性值时，属性值两边既可以使用双引号，也可以使用单引号。

HTML5 在此基础上做了一些改进，当属性值不包括空字符串、"<"、">"、"="、单引号、双引号等字符时，属性两边的引号可以省略。例如：

```
<input type="text" />
<input type='text' />
<input type=text />
```

以上代码的书写方式都是正确的。

1.3.2 HTML5 新元素

HTML5 中增加了一些新的标签元素，新增的元素包括结构元素、媒体元素、列表元素、表单域元素等，另外 HTML5 也废除了一些元素。新增的结构元素如表 1-2 所示。

表 1-2 新增的结构元素

元素	说明	HTML5 示例	对比 HTML4
section	表示页面中的一个内容区域块，比如章节、页眉、页脚或页面中的其他部分，通常与 h1、h2、h3……元素结合使用，标示文档的结构	\<section\>…\</section\>	\<div\>…\</div\>
article	表示页面中一块与上下文不相关的独立内容，例如博客中的一篇文章	\<article\>…\<article\>	\<div\>…\</div\>
aside	表示 article 元素的内容之外的、与 article 元素的内容相关的辅助信息	\<aside\>…\</aside\>	\<div\>…\</div\>
header	表示页面中的一个内容区域或整个页面的标题	\<header\>…\</header\>	\<div\>…\</div\>
hgroup	用于对整个页面或页面中的一个内容区域的标题进行组合	\<hgroup\>…\</hgroup\>	\<div\>…\</div\>
footer	表示整个页面或页面中的一个内容区域的脚注	\<footer\>…\</footer\>	\<div\>…\</div\>
nav	表示页面中导航连接的部分	\<nav\>…\</nav\>	\<ul\>…\</ul\>
figure	表示一段独立的流内容，一般表示文档主体流内容的一个独立单元。可以使用 figcaption 元素为 figure 元素组添加标题	\<figure\> 　\<figcaption\>… 　\<figcaption\> 　\<p\> … 　\</p\> \</figure\>	\<dl\> 　\<h1\>…\<h1\> 　\<p\>…\</p\> \</dl\>

新增的媒体元素如表 1-3 所示。

表 1-3 新增的媒体元素

元素	说明	HTML5 示例	对比 HTML4

video	表示视频元素，比如电影片段或其他视频流	`<video src="files/movie.ogg" controls="controls"></video>`	`<object type="video/ogg" data="files/movie.ogg">`
			`<param name="src" value="files/movie.ogg" />`
			`</object>`

audio	表示音频元素，比如音乐或其他音频流	`<audio src="files/audio.wav"></audio>`	`<object type="application/ogg" data="files/audio.wav">`
			`<param name="src" value="files/audio.wav" />`
			`</object>`

embed	用来插入各种多媒体，格式可以是 midi、wav、aiff、au、mp3 等	`<embed src="files/sample.mp3" />`	`<object data="files/sample.swf" type="application/x-shockwave-flash">` `</object>`
canvas	表示绘制图形的画布，比如图表和其他图像。这个元素本身没有行为，仅提供一块画布，利用 JavaScript 调用绘图 API 把想绘制的东西画到画布上	`<canvas id="myCanvas" width="20" height="20"></canvas>`	`<object data="inc/hdr.svg" type="image/svg+xml" width="200" height="200"></object>`
source	表示媒介元素(如 `<video>`和`<audio>`)定义的媒介资源	`<source />`	`<param />`

新增的列表元素如表 1-4 所示。

表 1-4 新增的列表元素

元素	说　　明	HTML5 示例

details	表示可以取得的细节信息。它可以与 summary 元素配合使用，提供标题或图例。标题是可见的，用户点击标题时，会显示出细节信息	`<details>`
		　　`<summary>`查看详细内容`</summary>`
		　　details 元素表示用户要求得到并且可以得到的细节信息
		`</details>`

datalist	表示可选数据的列表，与 input 元素配合使用，可以制作出输入值的下拉列表	`<input type="text" list="datalist1" />`
		`<datalist id="datalist1">`
		　　`<option value="中国"/>`
		　　`<option value="中华人民共和国"/>`
		　　`<option value="中国人民解放军"/>`
		`</datalist>`

续表

元素	说 明	HTML5 示例

datagrid	表示可选数据的列表，它以树形列表的形式来显示	`<datagrid>`
		　`<ol>`
		　　`<li>` (datagrid row 0) `</li>`
		　　`<li>`
		　　　(datagrid row 1)
		　　　`<ol style="list-style-type:lower-alpha;">`
		　　　　`<li>` (datagrid row 1,0) `</li>`
		　　　　`<li>` (datagrid row 1,1) `</li>`
		　　　`</ol>`
		　　`</li>`
		　　`<li>` (datagrid row 2) `</li>`
		　`</ol>`
		`</datagrid>`

menu	表示菜单列表。当希望列出表单控件时使用该标签	`<menu>`
		`<li><input type="checkbox" value="red" />`红色`</li>`
		`<li><input type="checkbox" value="blue" />`蓝色`</li>`
		`</menu>`

新增的表单域元素如表 1-5 所示。

表 1-5　新增的表单域元素

元素	说 明	HTML5 示例
email	表示必须输入 E-mail 地址的文本输入框	`<input required type="email" />`
url	表示必须输入 URL 地址的文本输入框	`<input required type="url" />`
number	表示必须输入数值的文本输入框	`<input required type="number" />`
range	表示必须输入一定范围内数值的文本输入框	`<input type="range" min="1" max="10" />`
color	表示必须输入一个颜色值的文本输入框	`<input required type="color" />`

Date Pickers	HTML5 拥有多个可选取日期和时间的文本框：
	　date——选取日、月、年
	　month——选取月、年
	　week——选取周、年
	　time——选取时间(小时和分钟)
	　datetime——选取时间、日、月、年 (UTC 时间)
	　datetime-local——选取本地时间
		`<input required type="date" />`
		`<input required type="month" />`
		`<input required type="week" />`
		`<input required type="time" />`
		`<input required type="datetime" />`
		`<input required type="datetime-local" />`

除了以上新增的元素标签，在 HTML5 中，还增加了以下元素：

- mark 元素：主要用来在视觉上向用户呈现那些需要突出显示或高亮显示的文字。
- progress 元素：表示运行的进度，可以用来显示 JavaScript 中耗费时间长的函数的进度。
- ruby 元素：表示注释(中文注释或字符)。
- rt 元素：表示字符(中文注释或字符)的解释或发音。
- rp 元素：在 ruby 注释中使用，以定义不支持 ruby 元素的浏览器所显示的内容。
- wbr 元素：表示软换行。wbr 和 br 元素的区别在于：br 元素表示此处必须换行，而 wbr 元素表示在浏览器窗口或父级元素的宽度足够时(没有必要换行时)不进行换行，在宽度不够时主动在此处换行。
- command 元素：表示命令按钮，比如单选按钮、复选框或复选按钮。
- output 元素：表示不同类型的输出，比如脚本的输出。

为了统一标准，在 HTML5 中废除了很多元素：

- 能使用 CSS 替代的元素。有些元素功能是为了画面显示服务的，在 HTML5 中推荐把画面显示功能都放在 CSS 样式表中统一编辑，所以将这些元素废除，并使用 CSS 样式表的方式进行替代，如 basefont、big、center、font、s、strike、tt、u 等元素。
- 不再使用 frame 框架。由于 frame 框架对网页可用性的负面影响较大，而且会影响页面性能，在 HTML5 中已经不支持使用 frame 框架。
- 只有部分浏览器支持的元素。有些元素由于只有部分浏览器支持，如 bgsound 和 marquee 只被 IE 所支持，这对编程的兼容性有很大的影响，所以在 HTML5 中也不推荐使用。

1.3.3 HTML5 文档结构

一个 HTML5 文档通常由以下三个部分构成。

(1) <html></html>标签对。

<html>标签是 HTML 文档最外边的标签，用来标识 HTML 文档的开始和结束。

(2) <head></head>标签对。

<head>标签构成 HTML 文档的开头部分，在这个标签内部的部分都用来描述 HTML 文档相关信息和定义文档所使用的功能脚本等内容，不会在浏览器中显示出来，如<title></title>、<script></script>等标签。

(3) <body></body>标签对。

<body>标签是 HTML 文档主体部分，也是在浏览器中可以呈现出来的部分，此标签内可以包含除<html>和<head>、<body>以外的众多标签。<body>作为一个画布，可以将文本、图片、颜色、视频等都呈现其上。

HTML5 文档的示例如下：

```
<!DOCTYPE html><!-- 声明文档结构类型 -->
<html lang=zh-cn><!-- 声明文档文字区域-->
<head><!-- 文档的头部区域 -->
```

```html
<meta charset=utf-8>
<!-- 文档的头部区域中元数据区的字符集定义，这里是 utf-8(国际通用的字符集编码)格式 -->
<!--[if IE]><![endif]--><!-- 文档的头部区域的兼容性写法 -->
<title>一个不带 CSS 样式的 HTML5 布局</title>
<!-- 文档的头部区域的标题。这里要注意 title 的内容对于 SEO 来说极其重要-->
<!--[if IE 9]><meta name=ie content=9><![endif]-->
<!-- 文档的头部区域的兼容性写法 -->
<meta name=description content=一个不带 CSS 样式的 HTML5 布局>
<!-- 文档的头部区域元数据区关于文档描述的定义 -->
<meta name=author content=张三>
<!-- 文档的头部区域元数据区关于开发人员姓名的定义 -->
<meta name=copyright content=HTML5 小组>
<!-- 文档的头部区域元数据区关于版权的定义 -->
<link rel='apple-touch-icon' href='custom_icon.png'>
<!-- 文档的头部区域的 apple 设备的图标的引用 -->
<meta name='viewport' content='width=device-width, user-scalable=no'>
<!--文档的头部区域对于不同接口设备的特殊声明。宽=设备宽，用户不能自行缩放 -->
<link rel='stylesheet' href='main.css'>
<!-- 文档的头部区域的样式文件引用 -->
<!--[if IE]><link rel=stylesheet href=win-ie-all.css><![endif]-->
<!-- 文档的头部区域的兼容性样式文件引用写法 -->
<!--[if IE 7]><link rel=stylesheet type=text/css href=win-ie7.css><![endif]-->
<!-- 文档的头部区域的 IE 7 浏览器的兼容性写法 -->
<!--[ifIE8]><scriptsrc=http://ie7-js.googlecode.com/svn/version/2.0(beta3)/IE8.js></script><![endif]-->
<!-- 文档的头部区域的关于让 IE 8 也兼容 HTML5 的 Javascript 脚本 -->
<script src=script.js></script>
<!-- 文档的头部区域的 Javascript 脚本文件调用 -->
</head>
<body>
<header>HTML5 文档的头部区域</header>
<nav>HTML5 文档的导航区域</nav>
<section>HTML5 文档的主要内容区域
  <aside> HTML5 文档的主要内容区域的侧边导航或菜单区 </aside>
  <article> HTML5 文档的主要内容区域的内容区
    <section>以下是 section 和 article 的嵌套，用于循环表现章节与内容之间的父子关系、包含关系
      <aside> </aside>
      <article>
        <header></header>
        HTML5 文档的嵌套区域，可以对某个 article 区域进行头部和脚部的定义
        <footer></footer>
```

```
            </article>
          </section>
        </article>
    </section>
    <footer>HTML5 文档的脚部区域</footer>
  </body>
</HTML>
```

1.4 HTML5 应用前景和市场

HTML5 从根本上改变了开发商开发 Web 应用的方式,从桌面浏览器到移动应用,这种语言和标准正在影响并将继续影响着各种操作平台。

在移动领域,大家争论不休的一个问题就是开发 Web 应用还是原生应用。而随着 HTML5 标准的发展,两者之间的差异已经逐渐变得模糊。HTML5 有关的话题被广泛讨论,那么,HTML5 未来的发展趋势到底是什么?

(1) 移动优先。

从如今层出不穷的移动应用可以看出,在这个智能手机和平板电脑大爆炸的时代,移动优先已成趋势,不管是开发什么,都以移动为主。

如今一些大型企业在利用 HTML5 进军移动市场的过程中,从 App Store 撤掉原生应用而开发 Web 应用,同样表现出色。

移动 Web 应用优先的趋势将会持续到移动设备统治信息处理领域时。其实用户根本不在乎你用什么工具开发了什么应用,不管是 Web 应用还是原生应用,只要好用就可以了。

(2) 游戏开发者领衔"主演"。

移动游戏开发商是从 HTML5 获益最多的一方,因为付费游戏须向苹果公司支付 30%的提成,而他们可利用 HTML5 技术逃脱付费。在某种程度上,游戏是移动平台销量最好的应用,也是吸引人们购买移动设备的一个重要因素。

许多游戏开发商都被 Facebook 或者 Zynga 推动着发展,而未来的 Facebook 应用生态系统是基于 HTML5 的。尽管在 HTML5 平台上开发游戏非常困难,但是游戏开发商却都愿意那么做。通过 PhoneGap 及 appmobile 的 XDK 将 Web 应用游戏打包整合到原生应用中也是一种方式。

(3) 响应式设计和自动变化的屏幕尺寸。

在 HTML5 真正改变移动开发平台之前,必须迈出重要一步,那就是"响应式设计",也就是屏幕可以根据内容而自动调整大小。

响应式设计最好的一个例子就是 BostonGlobe.com(观看视频),其屏幕能够根据内容而调整尺寸大小。响应式设计并非易事,一些基本概念设计必须从头开始,比如处理媒体库的 RespondJS,而且处理来自第三方的图片和广告也是恼人的问题。

要想做好响应式设计,就必须洞悉内容与屏幕之间的反馈关系。一家来自硅谷的响应式设计公司 ZURB 称，在过去的 16 年中，开发商早就意识到响应式设计要完全离开"流"，转而注重内容是如何在网页和移动设备中被处理的。这一过程还在继续，HTML5 会让它最终成为可能。

(4) 设备访问。

消除 Web 应用与原生应用界限的最大障碍就是浏览器访问移动设备基本特性的能力，比如照相机、通讯录、日历、加速器等。对许多移动开发商来说，提高设备访问能力是 HTML5 最令人激动的革新，这意味着 Web 应用能够应用于移动设备而无需做任何特殊处理。有了 HTML5 这个平台，开发商可以不再依赖 Java 等高级开发语言。

(5) 离线缓存。

离线情况下，APP 也能照常运作，这是 HTML5 充满魔力的一面。最好的离线缓存例子之一是亚马逊的 Kindle 阅读器，它可以通过 Firefox、Chrome、Safari 5 等浏览器将内容同步到所有 Kindle 系列设备，并能记忆用户在 Kindle 图书馆的一切。

1.5 开发环境和工具

古人云"工欲善其事，必先利其器"，与拥有超过 10 年以上历史的 Flash 技术相比，HTML5 开发环境及相关工具和类库目前并不是非常完善。但随着 HTML5 技术的不断发展，越来越多的开发工具(特别是游戏编辑器)和类库正在不断涌现。

(1) HTML5 开发工具之 Adobe Dreamweaver。

Adobe Dreamweaver 软件使设计人员和开发人员能充满自信地构建基于标准的网站。开发人员可以通过可视方式或直接在代码中进行设计，使用内容管理系统开发页面并实现精确的浏览器兼容性测试。

Adobe Dreamweaver CS6 版本通过 Adobe HTML5 Pack 这一扩展，使用户可以更轻松地创建和优化其作品。Adobe HTML5 Pack 开发工具包括标识 HTML5 和 CSS3 功能的新代码，从而使 Dreamweaver 用户能够方便地使用 HTML5 标记。HTML5 开发工具扩展包还更新和改进了 WebKit 引擎以支持 Dreamweaver 实时视图中的视频和音频。用户利用 CSS3 新功能可以更方便地设计多屏网页，并且可以预览在多种浏览器和设备中进行渲染的过程。

使用 Adobe Dreamweaver CS6 新建 HTML5 文件的设置如图 1-4 所示。

(2) 使用 Eclipse 开发 HTML5。

Eclipse 是一个开源的 Java 集成开发环境，提供了对 HTML5 的支持。在新建 HTML 文档时可以选择 HTML5 模板，如图 1-5 所示。

(3) Microsoft Visual Studio。

Visual Studio 是微软公司推出的开发环境，是目前最流行的 Windows 平台应用程序开发环境。Visual Studio 2010 于 2010 年 4 月 12 日上市，重新设计和组织了集成开发环境的界面，使其变得更加简单明了。

从 Visual Studio 2012 开始，Visual Studio 已经全面支持 HTML5 的开发，但是如果想在 Visual Studio 2010 中使用 HTML5 模板则需要进行一些简单的配置。

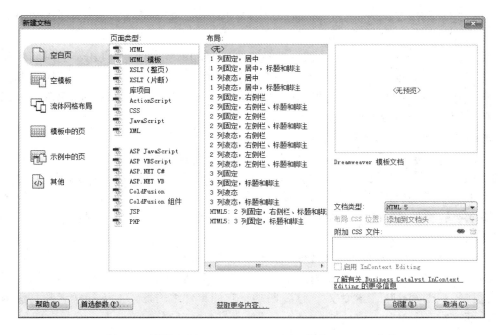

图 1-4　使用 Adobe Dreamweaver CS6 新建 HTML5 文件

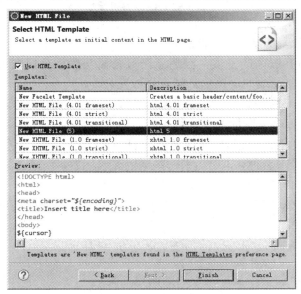

图 1-5　使用 Eclipse 新建 HTML5 文件

(4) HTML5 开发工具 Adobe Edge Preview。

Adobe 公司考虑到,当 HTML5 成为标准的时候,开发者们仍然会在 Adobe 的软件上进行开发,所以推出一种新型的网页开发工具 Edge,以帮助开发者在 HTML5 网页上创造更复杂的动画和互动效果。

Adobe 网络专家组产品经理德汶·费南德(Devin Fernandez)称,随着 HTML 应用与开发越来越丰富,曾经通过 Flash 才能实现的工作,现在可通过 Adobe Edge 轻松完成。Edge

支持事件连发操作、svg/png/gif/jpg 图片、圆角矩形以及更多形状、元素与 2D 图形界面、SVG 动画等。

目前来看，Edge 和 Flash 编辑工具运行在一个相似的界面上。Edge 的时间轴和其他工具都位于与目前版本的 Flash 编辑工具的相同位置上。但是界面背后，Edge 是非常不同的。它代替了动作脚本，动画效果编码在 HTML 和 JavaScript 上，这些编码可以运行在所有现代桌面浏览器和所有移动设备浏览器上。

(5) MUGEDA-HTML5 下的云动画平台。

MUGEDA 是一个基于 HTML5 技术的云动画平台，不用下载安装，打开支持 HTML5 的浏览器就可以创建动画，有各种造型工具，有图层、逐帧/补间动画、镜头切换、蒙版、路径编辑等丰富的动画功能，生成的动画可以插入网页，也可导出成各种格式。MUGEDA 解决了目前 HTML5 缺乏动画工具的现状，可广泛应用于网页开发、游戏、电子出版等领域。

(6) HTML5 游戏开发工具 Make Games with Construct 2。

该工具是最简单、最容易使用的基本游戏开发工具，它有一个可视化编辑器，可以不写一行代码就创建 HTML5 游戏，这要归功于它的事件编辑器。对于初学者和高级用户，其使用都非常容易。

本章小结

通过本章的学习，读者应该了解：
- 浏览器伴随互联网的发展，经历了网景公司与微软公司的市场争夺，PC 端的浏览器和移动端的浏览器都越来越成熟。
- HTML5 是一种新的 Web 标准，丰富了 Web 应用的用户体验，为应用程序开发商提供了许多便利的开发特性。
- HTML5 的文档结构比 HTML4 更为灵活。
- HTML5 相对于 HTML4 增加了一些新的元素标签。
- 开发工具对 HTML5 的支持度越来越高。
- HTML5 在移动应用、游戏开发、电子商务网站都有丰富的应用前景。

本章练习

1. 互联网历史上第一个被广泛使用的浏览器是_____。
2. 列举当前主流的 PC 浏览器和手机浏览器。
3. 简述 HTML5 的文档格式。
4. 列举 HTML5 中新增的媒体元素。

第 2 章　HTML5 布局

📖 本章目标

- 掌握 HTML5 页面布局方式
- 掌握 HTML5 新增结构元素的使用方法
- 掌握 HTML5 新增样式元素的使用方法

2.1 HTML5 结构元素

HTML4 中经常使用<div id="nav">代表一个导航区域，使用<div id="footer">代表一个页脚区域。而 HTML5 进一步加强了这方面的功能，新增了几种典型的结构元素：article、header、footer、aside、nav、section、figure。通过这些元素可以更清晰地区分 Web 页面的不同部分。图 2-1 所示是一个完整的页面布局。

在设计网页布局时，利用新增的结构元素并结合 CSS3 样式，可以实现美观清晰的页面布局。如图 2-2 所示的页面是一个典型的示例。顶部用 header 元素实现标题区域，标题下方的导航菜单由 nav 元素实现，左侧用 article 元素实现内容部分，右侧用 aside 元素实现标签，页面底部是 footer 元素(由于页面过大，图示中未显示)。

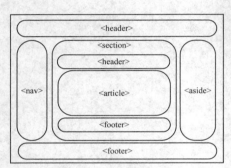

图 2-1 页面布局

图 2-2 典型的页面布局

2.1.1 文章结构

在 HTML5 中标识一篇文章，用到三个结构元素，分别是 article、header 和 footer。
article 元素用于标识页面中独立的、完整的内容。article 的内容可以被其他网站引用，一般用于论坛帖子、博客文章、新闻和评论中。header 元素标识文章的标题。footer 元素标识文章的脚注，用于显示文章的作者、版权信息、链接或者联系方式等。header 元素和 footer 元素不仅可以应用于文章的标题和脚注，也可以应用于整个网页或区段的标题和底部，这两个元素在同一个页面中可以多次出现。

下面的代码用于展示一则新闻，其中，header 和 footer 元素都包含在 article 元素中。从代码结构上看，此段代码比使用 HTML4 中的 div 元素更清晰，更易于理解和维护。

```
<!DOCTYPE html>
<html>
<head>
<meta charset="UTF-8">
<title>物联网大赛</title>
```

```
</head>
<body>
    <article>
        <header>
            <h1>"誉金杯"第二届全国高校物联网软件应用创新大赛预赛尘埃落定</h1>
        </header>
        <p>
                通过激烈的角逐和严格的筛选,11月20日"誉金杯"第二届全国高校物联网软件应用创新大赛预赛尘埃落定,评审专家从报名参赛的全国近百组院校参赛队伍中最终确定36组进入决赛。<br>
                决赛将于12月18至19日在青岛高新职业学校举行,届时大赛的承办方青岛经济和信息化委员会、青岛市物联网协会、青岛誉金电子科技及全国20多所高校的物联网专家和老师将如期而至,共同见证物联网界新兴力量的崛起。
        </p>
        <footer> http://www.tech-yj.com/ </footer>
    </article>
</body>
</html>
```

在浏览器中打开该页面,效果如图2-3所示。

图2-3 文章结构示例

2.1.2 内容分段

section 元素是一个区域分组元素,用于页面内容的分段,各个段落的内容具有相对的独立性,同时相邻的段落之间又具有相关性。section 元素通常由内容和标题组成,标题一般使用标准的标题元素(h1~h6元素),没有标题的内容不能使用 section 元素。

section、article 和 div 有一些类似的地方,都可以用于区分网页的不同区域,但是它们之间是有区别的。在 HTML5 中,div 主要用于页面的大块布局,article 元素强调的是独立性,而 section 主要用于内容的分段。article 元素和 section 元素可以相互嵌套,当一篇文章中有几个并列的段落时,就可以用 section 分段;当 section 的其中一段具有独立性时,可以用 article 标识该段的独立性。

在下面的代码中,用 section 元素标识了评论区域,由于每一条评论都具有相对的独立性，因此用 article 进行标识并嵌套在 section 元素中。

```html
<!DOCTYPE html>
<html>
<head>
<meta charset="UTF-8">
<title>物联网大赛</title>
</head>
<body>
    <article>
        <header>
            <h1>"誉金杯"第二届全国高校物联网软件应用创新大赛预赛尘埃落定</h1>
        </header>
        <p>
                通过激烈的角逐和严格的筛选，11月20日"誉金杯"第二届全国高校物联网软件应用创新大赛预赛尘埃落定，评审专家从报名参赛的全国近百组院校参赛队伍中最终确定36组进入决赛。<br>
                决赛将于12月18至19日在青岛高新职业学校举行，届时大赛的承办方青岛经济和信息化委员会、青岛市物联网协会、青岛誉金电子科技及全国20多所高校的物联网专家和老师将如期而至，共同见证物联网界新兴力量的崛起。
        </p>
        <footer> http://www.tech-yj.com/ </footer>
        <section>
            <h2>评论</h2>
            <article>
                <header>
                    <h3>tom</h3>
                    <p>
                        <time datetime="2015-1-4 13:20">
                        2015年1月4日</time>
                    </p>
                </header>
                <p>该活动非常专业</p>
            </article>
            <article>
                <header>
                    <h3>rose</h3>
                    <p>
                        <time datetime="2015-1-10 13:20">
                        2015年1月10日</time>
                    </p>
```

```
            </header>
            <p>从比赛中学到了很多东西</p>
        </article>
    </section>
</article>
</body>
</html>
```

section 元素的应用有一定限制,如果能使用 article、aside 或者 nav 元素完成设计要求,则不建议使用 section 元素。另外不要将 section 元素用作设置样式和定义脚本行为的容器。

2.1.3 辅助信息

aside 元素用于显示与页面或文章相关但又可以独立的内容,可以是广告、引用、侧边栏等。aside 元素包含在 article 元素中时,作为主要内容的附属信息部分,内容往往是与当前文章有关的参考资料;aside 元素还可以用于页面或站点全局的附属信息部分,最典型的应用是侧边栏,例如友情链接。

下面是一篇博客网页的代码,在底部使用 aside 元素实现了相关博客文章的链接。

```
<!DOCTYPE html>
<html>
<head>
<meta charset="UTF-8">
<title>aside</title>
</head>
<body>
<body>
    <header>
        <h1>121 工程创新平台博客</h1>
    </header>
    <article>
        <h1>软件外包实训体系</h1>
        <p>    IT 实训体系是一种多维的人才教育培养体系,规定着实训的内容、实训的形式和人才的标准。
        实训源于实践、实训源于企业。实训体系中的案例均选自企业内部真实项目,融合目前主流开发语言和框架,基于成熟的企业开发平台,配有全方位的案例教学文档和视频录像,使用全套标准开发文档,依照国际标准项目管理流程模式,让学员在真实的编程场景中掌握软件开发的要点,养成规范化编写程序的习惯,适应大型软件企业的工作环境和作业流程。
        为了充分做好实训教学工作,让学生真正做到"学以致用",实训体系提供全套的《沙盘模拟实训体系》,该体系以"体验式"教学为推进,通过不断地模拟、回顾、总结、整合,以形成良好的思维方式,最终达到提升学生综合素质并使其具备软件开发的必备知识与技能的教学目的。该体系包括:实训平台、开发文档(API)、案例演示、使用说明、视频讲解、配套丛书、评估体系、实施服务,并提供远程实训辅助。</p>
```

```
    </article>
    <aside>
        <h2>博客链接</h2>
        <ul>
            <li><a href="#">物联网实训体系</a></li>
            <li><a href="#">金融财务外包实训体系</a></li>
            <li><a href="#">电商物流实训体系</a></li>
        </ul>
    </aside>
</body>
</body>
</html>
```

在浏览器中打开该网页,效果如图 2-4 所示。

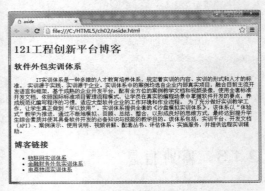

图 2-4　博客网页

2.1.4　导航信息

nav 元素用于定义页面中的导航链接组,通过这些链接可以跳转到其他页面或者本页面中的其他区块。用 nav 元素实现站点导航是最典型的应用,对于一篇比较长的文章,也可以利用 nav 元素实现章节导航。

不是所有页面上的链接都需要放在 nav 元素中,nav 元素只用作主要的导航区块。例如,页面底部通常会有一组链接,如联系方式、版权说明等,则不需要使用 nav 元素,而是使用 footer 元素。

下面的代码用 nav 元素实现了页面导航功能。

```
<!DOCTYPE html>
<html>
<head>
<meta charset="UTF-8">
<title>nav</title>
</head>
<body>
    <nav>
        <a href="#">首页</a> | <a href="#">软件外包</a> |
        <a href="#">物联网</a> | <a href="#">金融财务</a>|
        <a href="#">电商物流</a>
    </nav>
</body>
</html>
```

图 2-5　导航信息

在浏览器中打开该网页,如图 2-5 所示。

2.1.5 显示/隐藏内容

details 元素和 summary 元素配合使用，可以方便地实现详细信息的显示和隐藏，而在 HTML4 中必须用脚本才能实现该效果。下面的代码，利用 details 元素和 summary 元素实现了书籍简介的显示和隐藏。

```
<details>
    <summary>Java EE 轻量级解决方案</summary>
    <p>JavaEE 技术经过多年的发展已经日趋成熟，成为当今企业级应用的最佳解决方案。在 JavaEE 技术中 S2SH(Struts2+Spring+Hibernate)是目前最为流行的轻量级整合开发框架，得到了众多软件企业的认可，在 Java 开发群体中也得到了广泛的支持。本门课程集 Struts2、Spring、Hibernate 技术讲解为一体，并有机地将其整合在一起，是一门综合性强、应用性强的技术课程。</p>
    <p>www.tech-yj.com</p>
</details>
```

在浏览器中打开该页面，效果如图 2-6 所示；此时单击页面中的标题，显示该书籍的简介，如图 2-7 所示；再次单击标题，隐藏书籍简介。

图 2-6 折叠显示

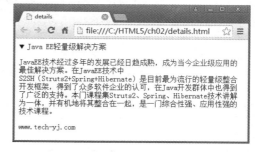
图 2-7 展开显示

在这个例子中，summary 元素的内容是 details 元素的一个可见标题，details 元素的其他内容默认条件下是隐藏的。当用户需要详细信息时，通过单击标题就可以看到。

2.1.6 定义对话框

在 HTML4 中，实现对话框需要编写比较复杂的脚本，而在 HTML5 中新增的 dialog 元素可以让开发人员非常方便地创建对话框，并显示在 Web 页面中。下面的代码实现了通过对话框增加评论的功能。

```
<dialog>
    <form>
        评论：<input type="text" id="" /><br><input type="submit"
            id="btnaddcomment">
    </form>
</dialog>
<section>
```

```
            <h2>评论</h2>
            <article>
                    <header>
                            <h3>tom</h3>
                            <p>
                                    <time datetime="2015-1-4 13:20">2015年1月4日
                                    </time>
                            </p>
                    </header>
                    <p>该活动非常专业</p>
            </article>
            <article>
                    <header>
                            <h3>rose</h3>
                            <p>
                                    <time datetime="2015-1-10 13:20">2015年1月10日
                                    </time>
                            </p>
                    </header>
                    <p>从比赛中学到了很多东西</p>
            </article>
    </section>
    <div>
            <button id="btnshow">添加评论(非模态窗口)</button>
            <button id="btnshowmodal">添加评论(模态窗口)</button>
            <button id="btnClose">关闭窗口</button>
    </div>
    <script>
            document.querySelector('#btnshow').onclick = function() {
                    document.querySelector('dialog').show();
            };
            document.querySelector('#btnshowmodal').onclick = function() {
                    document.querySelector('dialog').showModal();
            };
            document.querySelector('#btnClose').onclick = function() {
                    document.querySelector('dialog').close();
            };
            document.querySelector('#btnaddcomment').onclick = function() {
                    document.querySelector('dialog').close();
            };
```

```
</script>
```

在这段代码中,利用 dialog 元素定义了一个对话框,默认为隐藏状态。对话框中包含一个输入评论的文本框和一个"提交"按钮,在评论区设置了三个按钮,通过 JavaScript 脚本为这四个按钮设置了 click 事件处理函数。

在处理函数中使用了 dialog 的三个方法:

- ◇ show():非模态显示对话框,页面上的其他元素还可以进行交互操作;
- ◇ showModal():模态显示对话框,页面上 dialog 以外的其他元素不可交互;
- ◇ close():关闭或者隐藏 dialog 元素。

在浏览器中打开该页面,效果如图 2-8 所示。

单击"添加评论(非模态窗口)"按钮,显示非模态对话框,如图 2-9 所示,此时可以选中页面中的评论内容或者单击"关闭窗口"按钮关闭对话框。

图 2-8　评论列表页面

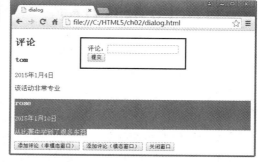

图 2-9　非模态对话框

单击"添加评论(模态窗口)"按钮,显示模态对话框,如图 2-10 所示,此时只能在对话框内操作,对页面其他部分无法操作。

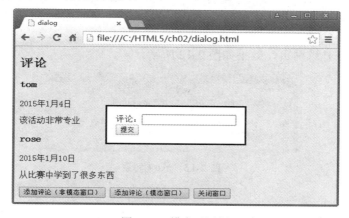

图 2-10　模态对话框

2.1.7　图文结构

figure 元素用于定义独立的流内容(如图像、图表、照片、代码等)。figure 元素的内容与主内容相关,但如果被删除,则不应对网页上的其他内容产生影响。figcaption 元素用于定义 figure 的标题，可以放置在 figure 元素的开头或者结尾，但是一个 figure 元素内只允许放置一个 figcaption 元素。下面的代码显示书籍封面图片。

图 2-11　图文结构

```
<figure class="post-image">
    <img src="../img/JavaSE.jpg" />
    <figcaption>图 1 封面照片</figcaption>
</figure>
```

在浏览器中打开该页面，效果如图 2-11 所示。

2.2　HTML5 样式元素

HTML5 新增的样式元素有 mark 元素、meter 元素、progerss 元素、wbr 元素和 time 元素，这些元素可以用于实现一些局部特效，丰富页面展示效果。

2.2.1　mark 元素

mark 元素用于强调文档中的一部分内容，并以高亮背景显示，旨在引起用户的注意。mark 元素的语法格式非常简单，其用法与 strong 元素类似，但是更加随意和灵活。下面的代码是 mark 元素应用示例。

```
<p>
    <mark>博弈论</mark>又被称为对策论(Game Theory)，既是现代数学的一个新分支，也是运筹学的一个重要学科。
</p>
```

在浏览器中打开该网页，效果如图 2-12 所示。

图 2-12　mark 元素

2.2.2　meter 元素

meter 元素用于表示在固定数值范围内的测量值或分数值，典型的例子是硬盘空间的使用量，如 60%可用则可以用 meter 元素表示。使用 meter 元素时经常用到 value、min 和 max 三个属性，value 表示测量值或分数，min 和 max 表示数值范围。下面的代码分别展示了这两种应用方式。

```
<meter value="2" min="0" max="10">2</meter>
```

```
<br>
<meter value="0.6">60%</meter>
```

在浏览器中打开该网页，效果如图 2-13 所示。

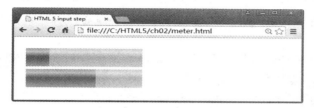

图 2-13　meter 元素

2.2.3　progress 元素

progress 元素用于表示进度，如任务完成的比例。使用 progress 元素时需要设置最大值 max 和当前值 value。下面的代码实现了进度到 60%的进度条。

```
<progress value="60" max="100"></progress>
```

在浏览器中打开该网页，效果如图 2-14 所示。

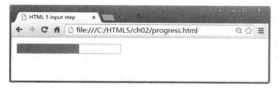

图 2-14　progress 元素

2.2.4　wbr 元素

英文中有些单词比较长，如果在一行文字的结尾无法完全显示，则会显示在下一行开头。wbr 元素可以实现英文单词换行，其语法格式如下。

```
<p>
    AJAX 技术的学习过程中，我们必须对<mark>XML<wbr>Http<wbr>Request</mark>对象非常熟悉。
    <br>
    <br>
        AJAX 技术的学习过程中，我们必须对<mark>XMLHttpRequest</mark>对象非常熟悉。
</p>
```

上面的代码中有两段相同的文字，其中第一段使用了 wbr 元素，单词 XMLHttpRequest 显示在两行中；第二段没有使用 wbr 元素，单词 XMLHttpRequest 显示在第二行开头，结合 mark 元素实现高亮显示，如图 2-15 所示。

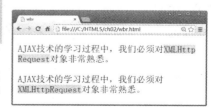

图 2-15　wbr 元素

2.2.5 time 元素

time 元素用于定义时间和日期，它能够明确地对机器的日期和时间进行编码，并且更易读。time 元素代表某个日期或某个时刻，表示时刻时允许带时差，并且可以定义多种格式。

```
<time datetime="2014-12-25">2014 年 12 月 25 日</time>
<time datetime="2014-12-25">12 月 25 日</time>
<time datetime="2014-12-25">圣诞节</time>
<time datetime="2014-12-25T19:00">圣诞节晚上 7 点</time>
<time datetime="2014-12-25T19:00+09:00">圣诞节晚上 7 点的美国时间</time>
```

time 元素中的 pubdate 属性是可选的，该属性是布尔值类型，表示文章或整个网页的发布日期。pubdate 属性的使用有利于搜索引擎更智能地生成搜索结果。

发布时间：<time datetime="*2014-11-26*" pubdate="*pubdate*">2014-11-26</time>

本 章 小 结

通过本章的学习，读者应该了解：
- HTML5 的文档布局方式。
- HTML5 新增的结构元素的使用方法，包括文档结构、内容分段、辅助信息、导航信息、隐藏内容、对话框和图文结构。
- HTML5 新增的样式元素的使用方法，包括 mark 元素、meter 元素、progress 元素、wbr 元素和 time 元素。

本 章 练 习

1. 以下_____元素不是用来标示文章结构的。
   A．article　　　B．header　　　C．footer　　　D．figure
2. 以下_____是 dialog 元素的方法(多选)。
   A．show()　　　B．showModal()　　　C．showDialog()　　　D．close()
3. 简述 meter 元素与 progress 元素的用法。
4. 简述 HTML5 文档布局结构。
5. 简述 section、article 和 div 之间的联系和区别。

第 3 章　HTML5 表单

本章目标

- 掌握 HTML5 新增表单域类型的用法
- 掌握 HTML5 新增表单域属性的用法
- 了解 HTML5 新增 form 元素的用法
- 了解 HTML5 新增 form 属性的用法

3.1 概述

在 HTML4 中，表单是一个重要组成部分，主要用于收集和提交用户输入的信息。通过表单，浏览器不仅能从 Web 服务器获得信息，而且还能向 Web 服务器反馈信息。

一个表单包括三个基本组成部分：

- 表单标签：包含处理表单数据的 URL 以及数据提交到服务器的方法。
- 表单域：包含文本框、密码框、隐藏域、多行文本框、复选框、单选框、下拉选择框和文件上传框等。
- 表单按钮：包含提交按钮、复位按钮和一般按钮，用于将数据传送到服务器上或者取消输入。

下面是一个基本的表单示例。

```
<form action="loginaction.jsp" method="post">
  <p>姓名: <input type="text" name="userName" /></p>
  <p>密码: <input type="password" name="userPassword" /></p>
  <input type="submit" value="提交" />
</form>
```

在 HTML5 中，新增了不少表单域，用于支持更丰富的页面展示与交互，除此之外表单和表单域的属性也有所增加。

本章主要介绍表单的相关功能，在这个过程中，使用 tomcat 作为服务器容器，并进行数据验证，在 jsp 页面端处理表单并提交数据。

3.2 新的表单域

HTML4 支持的表单域包括文本框<text>、密码框<password>、单选按钮<radio>、复选框<checkbox>、文件选择框<file>、图像<image>、隐藏文本框<hidden>、普通按钮<button>、重置按钮<reset>和提交按钮<submit>。

下面的代码是表单域应用示例：

```
文本框：     <input type="text" name="textname" id="textid" /> <br> <br>
密码框：     <input type="password" name="pwname" id="pwid" /> <br><br>
单选按钮：   <input type="radio" name="radiom" id="radiom" />男        <input type="radio" name="radiof" id="radiof" />女<br> <br>
复选框：     <input type="checkbox" name="ckhtml" id="ckhtml"> HTML 5
             <input type="checkbox" name="bkcss" id="ckcss"> CSS 3<br><br>
文件选择框： <input type="file" name="filename" id="fileid"><br> <br>
<input type="button" name="btnsimple" id="btnsimple" value="普通按钮">
<input type="reset"   name="btnreset" id="btnreset" value="重置按钮">
<input type="submit" name="btnsubmit" id="btnsubmit" value="提交按钮">
```

运行结果如图 3-1 所示。

图 3-1　表单域示例

在 HTML5 中增加了许多新的表单域，可以开发出交互性更好的页面，这些新的表单域包括颜色<color>、日期<date>、日期和时间<datetime>、月份<month>、星期<week>、时间<time>、电子邮箱<email>、超链接<url>、数字<number>、范围<range>、查询<search>。

3.2.1　color 类型

color 类型的表单域用于选择颜色。该表单域语法格式如下：

```
<form>
    请选择一个你喜欢的颜色: <input type="color" name="txtcolor"><br>
    <input type="submit">
</form>
```

运行结果如图 3-2 所示。

单击颜色选择控件，系统弹出颜色选择对话框，用户可以在对话框中选择颜色，如图 3-3 所示。

图 3-2　color 类型表单域

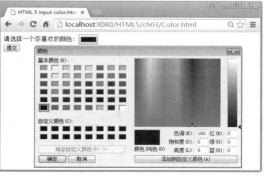

图 3-3　选择颜色对话框

3.2.2　date 类型

date 类型的表单域用于选择日期。其语法格式如下：

```
<form>
    日期: <input type="date" name="txtdate">
```

```
    <input type="submit" value="提交">
</form>
```

运行结果如图 3-4 所示。

图 3-4 选择日期表单域

3.2.3 datetime 类型和 datetime-local 类型

datetime 类型和 datetime-local 类型表单域用于选择年、月、日和时间，其中 datetime 用于选择 UTC 时间，datetime-local 用于选择本地时间。目前 datetime 类型的表单域只有 Safari 和 Opera 两种浏览器支持。datetime-local 类型表单域的语法格式如下：

```
<form>
    日期时间: <input type="datetime-local" name="txtdatetime">
    <input type="submit" value="提交">
</form>
```

运行结果如图 3-5 所示。

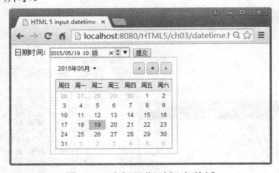

图 3-5 选择日期时间表单域

3.2.4 month 类型

month 类型的表单域用于选择月份，其语法格式如下：

```
<form>
    月份: <input type="month" name="txtmonth">
    <input type="submit" value="提交">
</form>
```

运行结果如图 3-6 所示。

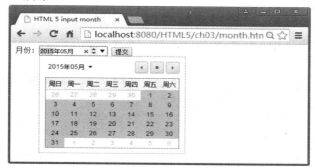

图 3-6　选择月份表单域

3.2.5　week 类型

week 类型的表单域用于选择当年的第几周，其语法格式如下：

```
<form>
    周: <input type="week" name="txtweek">
    <input type="submit" value="提交">
</form>
```

运行结果如图 3-7 所示。

图 3-7　选择周表单域

3.2.6　time 类型

time 类型的表单域用于选择时间。其语法格式如下：

```
<form>
    时间: <input type="time" name="txttime">
    <input type="submit" value="提交">
</form>
```

运行结果如图 3-8 所示。

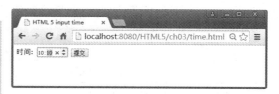

图 3-8　时间表单域

3.2.7 email 类型

email 类型的表单域用于输入 E-mail 地址。在提交表单时，会自动验证 email 域的值是否正确，并提示相应的信息。其语法格式如下：

```
<form>
    电子邮件: <input type="email" name="txtemail">
    <input type="submit" value="提交">
</form>
```

运行结果如图 3-9 所示。

图 3-9　email 类型表单域

3.2.8 url 类型

url 类型的表单域用于输入 URL 地址信息。在提交表单时，会自动验证 url 域的值是否正确，并提示相应的信息。其语法格式如下：

```
<form>
    URL: <input type="url" name="txtURL">
    <input type="submit" value="提交">
</form>
```

运行结果如图 3-10 所示。

图 3-10　url 类型表单域

3.2.9 number 类型

number 类型的表单域用于输入包含数值的信息。在代码里可以设定输入数值的范围、初始值和步进单位。其语法格式如下：

```
<form>
    数字: <input type="number" name="txtnumber" min="1" max="10" step="2" value="3">
    <input type="submit" value="提交">
</form>
```

该表单域的属性如表 3-1 所示，用于对输入的数字进行限制。

表 3-1　number 表单域属性

属性	值	描述
max	number	允许输入的最大值
min	number	允许输入的最小值
step	number	规定的步进单位（如果 step="2"，则合法的数是 1,3,5 等）
value	number	规定默认值

运行结果如图 3-11 所示。

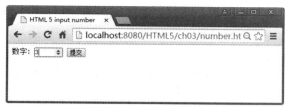

图 3-11 number 类型表单域

3.2.10 range 类型

range 类型的表单域用于输入一个在一定范围内的数字，显示为一个滑动控件。range 类型的输入结果与 number 类型一致，不同的是 range 类型的表单域显示为滑动条，而 number 类型的表单域显示为输入框。range 类型的表单域语法格式如下：

```
<form>
    范围: 0<input type="range" name="txtrange" min="0" max="10" value="5">10
    <input type="submit" value="提交">
</form>
```

range 类型的表单域可以对输入的数字进行限制，该表单域的属性如表 3-2 所示。

表 3-2 range 表单域属性

属性	值	描述
max	number	允许输入的最大值
min	number	允许输入的最小值
step	number	规定的步进单位（如果 step="2"，则合法的数是 0, 2, 4 等）
value	number	规定默认值

运行结果如图 3-12 所示。

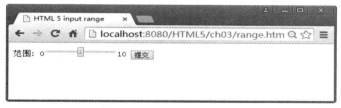

图 3-12 range 类型表单域

3.2.11 search 类型

search 类型的表单域用于搜索匹配的信息，显示为常规的文本域，比如站点搜索或 Google 搜索。其语法格式如下：

```
<form>
    查询: <input type="search" name="txtsearch" >
    <input type="submit" value="提交">
```

</form>

运行结果如图 3-13 所示。

图 3-13 search 类型表单域

3.3 新的表单域属性

HTML5 新增了一些表单域属性，用于控制表单域的行为，验证表单域的数据合法性，可以有效改善用户体验。

3.3.1 autofocus 属性

autofocus 属性是一个布尔类型的属性，设有该属性的输入域在页面加载完成后，浏览器自动定位到该输入域，用户可以直接进行编辑。其语法格式如下：

```
<form action="#" method="post" >
    <p>    1: <input type="text" name="txt1" /></p>
    <p>    2: <input type="text" name="txt2" autofocus /></p>
    <p>    3: <input type="text" name="txt3" /></p>
    <input type="submit" value="提交" />
</form>
```

运行结果如图 3-14 所示，页面加载后光标焦点自动定位到 txt2 文本框中。

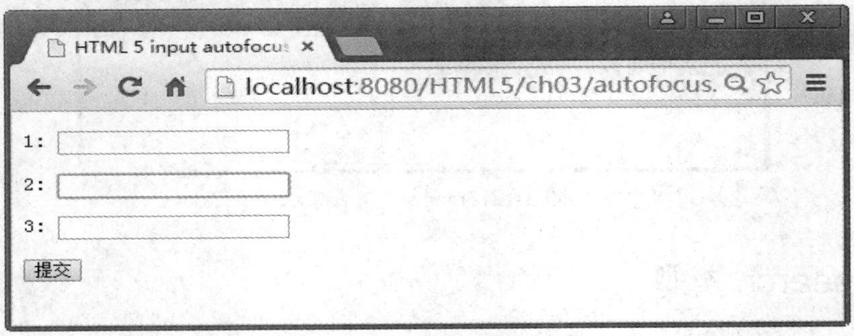

图 3-14 autofocus 属性示例

3.3.2 form 属性

form 属性用于指定当前输入域所属的表单，通过设定该属性，可以指定某个输入域属于多个表单。属于多个表单时，不同 form 之间用空格分开。设置 form 属性后，该输入域可以不在表单标签的作用范围内。其语法格式如下：

```
<form action="infoage.jsp" id="form1" method="post">
    <p>    姓名：<input type="text" name="txtName" /></p>
    <input type="submit" value="提交" />
</form>
<p>    年龄：<input type="text" name="txtage" form="form1" />    </p>
```

其中 infoage.jsp 的主要代码如下：

```
姓名：<%=request.getParameter("txtname") %><br>
年龄：<%=request.getParameter("txtage") %>
```

运行结果如图 3-15 所示。在页面输入"姓名"和"年龄"后单击"提交"按钮，跳转到 infoage.jsp 页面并显示上一个页面中用户输入的数据，效果如图3-16所示。

图 3-15　form 属性示例一

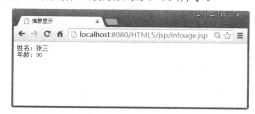
图 3-16　form 属性示例二

3.3.3　formaction 属性

formaction 属性一般用于 submit 按钮，作用是指向一个 url 地址。当提交 form 时，浏览器会根据该地址请求消息处理。formaction 属性会覆盖 form 的 aciton 属性。通过该属性，form 中的 submit 按钮可以具有不同的动作。其语法格式如下：

```
<form action="../jsp/info.jsp" method="post" >
    <p>    姓名：<input type="text" name="txtname" /></p>
    <p>    密码：<input type="password" name="txtpwd" />    </p>
    <input type="submit" value="提交方式 1" />
    <input type="submit" value="提交方式 2" formaction="../jsp/infoWelcome.jsp"/>
</form>
```

info.jsp 的主要代码如下：

```
姓名：<%=request.getParameter("txtname") %><br>
密码：<%=request.getParameter("txtpwd") %>
```

infoWelcome.jsp 的主要代码如下：

```
<center>
    <h1> 欢迎您，<%=request.getParameter("txtname") %></h1>
</center>
```

在浏览器中打开该页面，效果如图 3-17 所示。

图 3-17 formaction 属性示例 1

在图 3-17 中，单击"提交方式 1"按钮时，浏览器显示用户输入的姓名和密码，效果如图 3-18 所示；单击"提交方式 2"按钮时，浏览器显示 infoWelcome.jsp 中的信息，效果如图 3-19 所示。

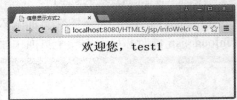

图 3-18 formaction 属性示例 2　　　　图 3-19 formaction 属性示例 3

3.3.4 formenctype 属性

表单的 enctype 属性规定表单数据在发送到服务器之前应该如何进行编码。在 HTML5 中，对于 submit 和 image 类型的表单域，如果以 post 方式提交请求，可以使用 formenctype 属性重新指定表单域的编码方式。下面的示例中，表单的 enctype 属性默认值是"application/x-www-form-urlencoded"，"二进制"按钮的编码方式重新被定义为 "multipart/form-data"。

```
<form action="../jsp/infoenctype.jsp" method="post" >
    <p>　　姓名：<input type="text" name="txtname" /></p>
    <p>　　密码：<input type="password" name="txtpwd" /></p>
    <input type="submit" value="字符编码" />
    <input type="submit" value="二进制" formenctype="multipart/form-data"/>
</form>
```

infoenctype.jsp 的主要代码如下：

```
<%
    int len = request.getContentLength();
    byte buffer[] = new byte[len];
    InputStream in = request.getInputStream();
    int total = 0;
    int once = 0;
    while ((total < len) && (once >= 0)) {
        once = in.read(buffer, total, len);
        total += once;
```

```
        }
        ByteArrayOutputStream baos = new ByteArrayOutputStream();
        baos.write(buffer);
        String str = baos.toString();
        baos.close();
        out.println(str);
%>
```

在浏览器中打开该页面，效果如图 3-20 所示。

图 3-20　formenctyppe 属性示例

在图 3-20 中，单击"字符编码"按钮时，效果如图 3-21 所示；单击"二进制"按钮时，效果如图 3-22 所示。

图 3-21　字符编码显示表单数据

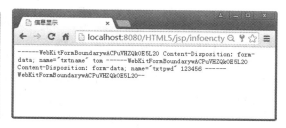

图 3-22　二进制显示表单数据

3.3.5　formmethod 属性

formmethod 属性用于指定表单的提交方式，该属性可以应用于 submit 和 image 类型的表单域。当表单域的 formmethod 属性与表单的 method 属性冲突时，以表单域的 formmethod 属性为准。示例代码如下：

```
<form action="../jsp/infoget.jsp" method="get">
    <p>　姓名: <input type="text" name="txtname" /></p>
    <p>　密码: <input type="password" name="txtpwd" />　　</p>
    <input  type="submit" value="提交">
    <input type="submit" formmethod="post" formaction="../jsp/infopost.jsp" value="以 post 方式提交">
</form>
```

infoget.jsp 的主要代码如下：
```
<%=request.getQueryString() %>
```

infopost.jsp 的主要代码如下：

姓名：<%=request.getParameter("txtname") %>
密码：<%=request.getParameter("txtpwd") %>

在浏览器中打开该页面，效果如图 3-23 所示。

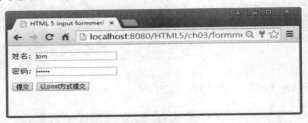

图 3-23　formmethod 属性示例

在图 3-23 中，单击"提交"按钮时，以 get 方式提交表单数据，效果如图 3-24 所示；单击"以 post 方式提交"按钮时，以 post 方式提交表单数据，效果如图 3-25 所示。

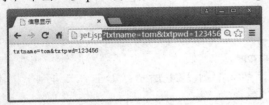

图 3-24　以 get 方式提交　　　　图 3-25　以 post 方式提交

3.3.6　formnovalidate 属性

formnovalidate 属性作用于"submit"按钮，设置该属性后，单击按钮提交表单时会覆盖表单的 novalidate 属性。下面是一个简单的例子：

```
<form>
    电子邮箱: <input type="email" name="txtemail">
    <input type="submit" value="提交">
    <input type="submit" formnovalidate  value="不验证提交">
</form>
```

打开网页，输入一个不完整的电子邮箱地址，单击"提交"按钮，则提示地址不完整，如图 3-26 所示。当单击"不验证提交"按钮时，则不会显示提示信息。

图 3-26　formnovalidate 属性示例

3.3.7　formtarget 属性

formtarget 属性作用于 submit 和 image 类型的表单域，用于指定表单提交时的目标窗口。表单域的 formtarget 属性会覆盖表单的 target 属性。代码如下：

```
<form action="../jsp/info.jsp" method="get">
    <p>姓名：<input type="text" name="txtname" /></p>
    <p>密码：<input type="password" name="txtpwd" />    </p>
    <input type="submit" value="提交">
    <input type="submit" formtarget="_blank" valu e="提交到新窗口">
</form>
```

在浏览器中打开该页面，效果如图 3-27 所示。

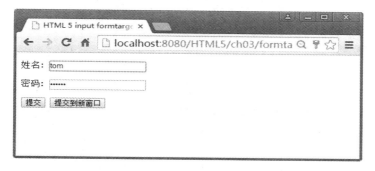

图 3-27 formtarget 属性示例

单击"提交"按钮，在当前窗口显示用户输入的信息，如图 3-28 所示。单击"提交到新窗口"按钮，在新窗口中显示用户输入的信息，如图 3-29 所示。

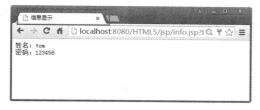 

图 3-28 提交到当前窗口　　　　　　图 3-29 提交到新窗口

3.3.8 height 和 width 属性

height 和 width 属性用于指定表单域的高度和宽度，当前只能应用于 image 类型的表单域。下面的代码中有两个 image 表单域，第二个 image 表单域使用 height 和 width 属性来设定图片显示的大小。

```
<form>
    电子邮箱：<input type="email" name="txtemail"> <br><br>
    原始大小：<input type="image" src="../img/submit.jpg"    alt='submit'    value="提交"><br>
    指定大小：<input type="image" src="../img/submit.jpg"    alt='submit'    width="69" height="39" value="提交">
</form>
```

运行结果如图 3-30 所示。

图 3-30　设定表单域大小

3.3.9　list 属性

　　list 属性用于指定表单域的下拉列表选项，其值等于 datalist 元素的 id 属性值。下面的代码定义了一个书籍列表，当单击教材名称输入框右侧的下拉按钮时，显示该书籍列表。

```
<form>
    教材名称：<input list="books">
    <datalist id="books">
        <option value="Java SE 程序设计">
        <option value="Java EE 程序设计">
        <option value="ASP.NET 程序设计">
    </datalist>
</form>
```

　　运行结果如图 3-31 所示。

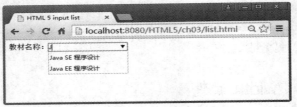

图 3-31　list 属性示例

3.3.10　min 和 max 属性

　　min 和 max 属性用于指定表单域的输入值范围，这两个属性只能应用于类型为 number、range、date、datetime、datetimelocal、month、time 和 week 的表单域。下面的代码约定考试日期不能早于 2015 年 1 月 1 日，分数在 0 到 100 之间。

```
<form>
    考试日期:<input type="date" min ="2015-01-01"><br>
    分数:<input type="number" max=100 min=0>
</form>
```

运行结果如图 3-32 所示。

图 3-32　设定数值范围

3.3.11　multiple 属性

multiple 属性是布尔类型的属性，作用于 file 和 email 类型的表单域。file 类型表单域设定该属性时，可以选择多个文件；email 类型表单域设定该属性时，可以输入多个 email 邮箱地址。其语法格式为：

```
<form action="../jsp/infomultiple.jsp" method="post">
    选择文件：<input type="file" name="inputfile" multiple> <br>
    电子邮箱：<input type="email" name="inputemail" multiple><br>
    <input type="submit" value="提交">
</form>
```

infomultiple.jsp 的主要代码如下：

```
<body>
    文件：<%
    String[] files = request.getParameterValues("inputfile");
    for(int i=0; i< files.length; i++)
    {
        out.println(files[i]);
    }
    %><br>
    邮箱：<%=request.getParameter("inputemail") %>
</body>
```

用浏览器打开该页面，效果如图 3-33 所示。选择文件并输入电子邮箱后，单击"提交"按钮，服务器获取用户输入的数据，并显示在浏览器中，如图 3-34 所示。

图 3-33　multiple 属性示例　　　　　　图 3-34　显示文件名和电子邮箱地址

3.3.12　pattern 属性

pattern 属性用于给表单域设置一个正则表达式，以限制用户输入的内容。该属性可以应用于 text、search、url、tel、email 和 password 类型的表单域。

下面的代码限制用户必须输入数字。

```
<form>
    <input type="text" pattern="^[0-9]*$">
    <input type="submit" value="提交">
</form>
```

输入 A001，单击"提交"按钮，系统提示"请与所请求的格式保持一致"，如图 3-35 所示。

图 3-35 pattern 属性示例

3.3.13 placeholder 属性

placeholder 属性用于指定一个字符串，被指定的字符串作为一个提示信息显示在表单域中，该提示信息一般是浅灰色，与用户输入的信息有所区别。当用户输入信息后，提示信息消失。placeholder 属性可以应用于 text、search、password、url、tel 和 email 类型的表单域。

在姓名和密码文本框中分别显示"请输入姓名"和"请输入密码"，主要代码如下：

```
<form>
    <p>姓名:<input type="text" name="txtname" placeholder="请输入姓名"/>
    </p>
    <p>密码:<input type="password" name="txtpwd" placeholder="请输入密码" />    </p>
    <input type="submit" value="提交" />
</form>
```

用浏览器打开该页面，效果如图 3-36 所示。

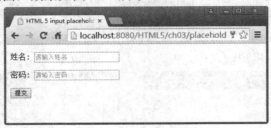

图 3-36 placeholder 属性示例

3.3.14 required 属性

required 属性用于指定表单域在提交之前必须输入值，该属性可以应用于 text、search、url、tel、email、password、date pickers、number、checkbox、radio 和 file 类型的

表单域。

下面的示例实现用户在提交之前,必须输入姓名和密码,主要代码如下:

```
<form>
    <p>    姓名: <input type="text" name="txtname" required/></p>
    <p>    密码: <input type="password" name="txtpwd" required /></p>
    <input type="submit" value="提交" />
</form>
```

用浏览器打开该页面,效果如图 3-37 所示。

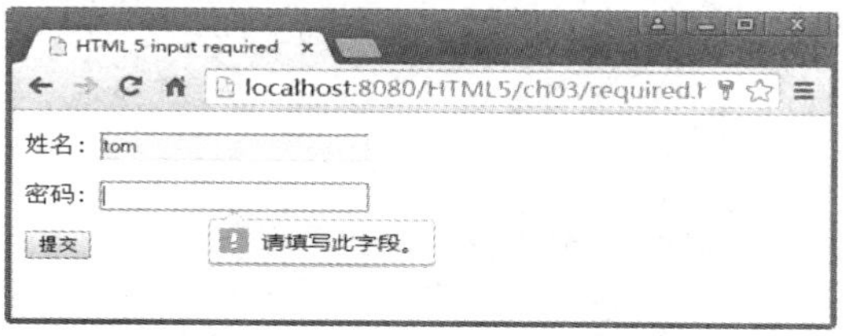

图 3-37 required 属性示例

3.3.15 step 属性

step 属性用于指定表单域的数值间隔,该属性可以应用于 number、range、date、datetime、datetime-local、month、time 和 week 类型的表单域。例如对于 number 类型的表单域,设定初始值为 0,step 为 5,那么只有 -5、0、5、10 等值是有效的,主要代码如下:

```
<form>
    数字: <input type="number" name="txtnumber"  step="5" >
    <input type="submit" value="提交">
</form>
```

输入数值 3,单击"提交"按钮,显示"请输入有效值。两个最接近的有效值分别为 0 和 5。",如图 3-38 所示。

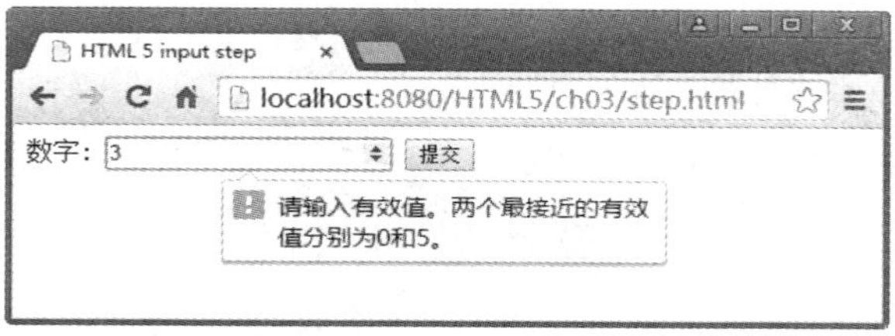

图 3-38 step 属性示例

3.4 新的 form 元素

HTML5 提供了三个新的 form 元素,分别是 datalist、keygen 和 output。datalist 元素规定输入域的选项列表,keygen 元素提供一种用户验证的可靠方法,output 元素用于不同类型的输出。

3.4.1 datalist 元素

datalist 元素用于辅助表单中文本框的输入，它定义一个列表选项，文本框的 list 属性设置为 datalist 的 id 值，文本框会具有自动完成的特性。当用户在文本框输入值时，datalist 元素的内容以列表的形式显示在文本框底部。

下面的代码是一个简单的示例。

```
<form>
    教材名称：<input list="books">
    <datalist id="books">
        <option value="Java SE 程序设计">
        <option value="Java EE 程序设计">
        <option value="ASP.NET 程序设计">
    </datalist>
</form>
```

在文本框中输入字母 J 后，显示以 J 开头的选项，如图 3-39 所示。

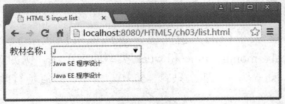

图 3-39　datalist 元素示例

3.4.2 keygen 元素

keygen 元素提供了一种新的基于浏览器的安全认证模式，当表单提交时会生成两个密钥，一个是私钥，一个是公钥，其中私钥存储在客户端，公钥与表单数据一起发送到服务器端，服务器端可以根据该公钥对客户端进行验证。

下面的代码是 keygen 元素的一个示例。

```
<form action="../jsp/infoget.jsp">
    请输入密码:<input type="password" name="txtpwd" /> <br>
    请选择加密强度:<keygen name="key"> <br>
    <input type="submit" value="提交" />
</form>
```

用浏览器打开该页面，效果如图 3-40 所示。

图 3-40　keygen 元素示例

用户单击"提交"按钮时，服务器获取正常的密码信息和一个加密字符串，如图 3-41 所示。

图 3-41　服务器端获得的 key 值

3.4.3　output 元素

output 元素用于显示计算结果，一般由脚本触发。下面的代码实现了计算两个 number 元素数值之和的功能。

```
<form oninput="x.value=parseInt(a.value)+parseInt(b.value)">
    <input type="number" id="a" value="50"> + <input type="number" id="b" value="50">=
    <output name="x" for="a b"></output>
</form>
```

运行结果如图 3-42 所示。

图 3-42　output 元素示例

3.5　新的 form 属性

HTML5 的 form 表单增加了一些新的属性，以方便开发者控制表单行为。

3.5.1　autocomplete 属性

autocomplete 属性用于设置一个表单中的输入域是否拥有自动完成功能，当设置为"on"时，浏览器会根据用户输入的值显示可用的选项，选项的内容是根据用户之前录入的内容确定的。

表单的 autocomplete 属性可以作用于 text、search、rul、email 等表单域。

其语法格式如下：

```
<form action="#" method="post" autocomplete="on">
    <p>　姓名: <input type="text" name="userName" /></p>
    <p>　密码: <input type="password" name="userPassword" />　　</p>
    <input type="submit" value="提交" />
```

</form>

运行结果如图 3-43 所示。

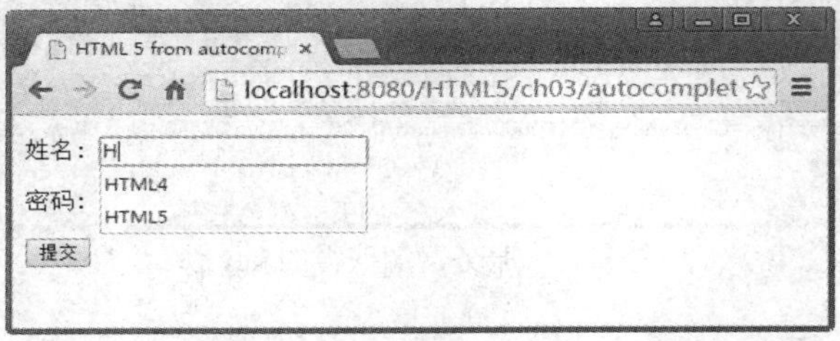

图 3-43 autocomplete 属性示例

3.5.2 novalidate 属性

novalidate 属性是布尔类型的属性，当设置表单属性为 novalidate 时，表单提交后，输入域中输入的值不会被校验，如 email 类型的表单域不会要求必须包含"@"字母。

其语法格式如下：

```
<form action="#" method="post" novalidate>
    电子邮箱：<input type="email" name="txtemail">
    <input type="submit" value="提交">
</form>
```

本 章 小 结

通过本章学习，学生应该掌握以下知识：
- HTML5 新增表单域及其用法和作用。
- HTML5 表单域新增的属性，以及每个属性的适用范围和作用。
- HTML5 新增的 form 元素及其用法和作用。
- HTML5 新增的 form 属性。

本 章 练 习

1. 简述 date、datetime、month、week 和 time 类型表单域的作用和区别。
2. 表单域属性 min 和 max 可以应用于下述_____表单域中。(多选)
   A．number   B．range   C．color   D．date
3. HTML5 中表单处理程序访问表单以外的元素，可以使用_____属性实现。
4. 同一个表单中，不同的按钮执行不同的 action，通过_____属性实现。
5. 当表单属性与表单域属性发生冲突时，_____属性优先起作用。
6. 对于下述代码，文本框应该输入_____。

```
<form>
    <input type="text" pattern="^[0-9]*$">
</form>
```

第 4 章 HTML5 画布

本章目标

- 理解 Canvas 元素的作用
- 掌握 HTML5 图形绘制
- 掌握 HTML5 文字绘制
- 掌握 HTML5 图像绘制
- 掌握 HTML5 阴影效果的实现
- 掌握 HTML5 动画效果的实现

4.1 绘制图形

HTML5 新增了 Canvas 元素，支持通过 JavaScript 脚本绘制直线、矩形、圆形等基本图形，也可以在画布上输出文字、显示图像，通过对各种元素的组合，可以设计丰富多彩的页面。

4.1.1 什么是 Canvas

- ◇ Canvas 元素是 HTML5 新增的专门用来绘制图形的元素；
- ◇ Canvas 元素使用 JavaScript 在网页上绘制图像；
- ◇ Canvas 元素是一个矩形区域，用户可以控制区域内每一像素；
- ◇ Canvas 元素拥有多种绘制路径、矩形、圆形、字符以及添加图像的方法。

4.1.2 如何使用 Canvas 绘制图形

（1）创建 Canvas 元素。在 HTML5 代码中添加 Canvas 元素，并规定元素的 id、宽度和高度。代码如下：

```
<canvas id="myCanvas" width="300" height="150"></canvas>
```

（2）获取 Canvas 元素。通过 JavaScript 根据 id 获取 Canvas 元素。代码如下：

```
var c = document.getElementById("myCanvas");
```

（3）获取上下文。通过 getContext 方法获取上下文，即创建 Context 对象。代码如下：

```
var cxt = c.getContext("2d");
```

（4）绘制图形。例如，绘制一个用红色填充的矩形的代码如下：

```
cxt.fillSTyle="red";
cxt.fillRect("10,10,100,50");
```

4.1.3 绘制直线

【示例 4.1】绘制一条直线。

创建 HTML 文件 line.html，代码如下：

```
<!doctype html>
<html>
<head>
<meta charset="utf-8">
<title>绘制直线</title>
</head>
<body>
    <canvas id="myCanvas" width="300" height="150" style="border:1px solid #d3d3d3">
  </canvas>
   <script>
```

```
            var c = document.getElementById("myCanvas");
            var cxt = c.getContext("2d");
            cxt.strokeStyle = "red";
            cxt.moveTo(20,80);
            cxt.lineTo(260,80);
            cxt.stroke();
    </script>
</body>
</html>
```

设置绘制颜色为红色：

`cxt.strokeStyle = "red";`

设置绘制线的起始点，两个参数分别代表起始点的 x 坐标与 y 坐标：

`cxt.moveTo(20,80);`

设置绘制线的结束点(该方法并不会创建线条)：

`cxt.lineTo(260,80);`

绘制已定义的路径：

`cxt.stroke();`

运行结果如图 4-1 所示。

图 4-1　绘制直线

4.1.4　绘制渐变线条

【示例 4.2】绘制渐变线条。

创建 HTML 文件 gradientline.html，代码如下：

```
<!doctype html>
<html>
<head>
<meta charset="utf-8">
<title>绘制渐变线条</title>
</head>
<body>
        <canvas id="myCanvas" width="300" height="150"
           style="border:1px solid #d3d3d3">
```

```
        </canvas>
         <script>
              var c = document.getElementById("myCanvas");
              var cxt = c.getContext("2d");
              var gradient = cxt.createLinearGradient(0,0,170,0);
              gradient.addColorStop(0,"blue");
              gradient.addColorStop(0.5,"green");
              gradient.addColorStop(1,"red");
              cxt.strokeStyle = gradient;
              cxt.lineWidth = 5;
              cxt.moveTo(20,80);
              cxt.lineTo(260,80);
              cxt.stroke();
         </script>
</body>
</html>
```

上述代码中使用 cxt.createLinearGradient() 方法创建线性的渐变对象，然后使用 addColorStop() 方法设置渐变的颜色，这里使用了蓝、绿、红三种颜色。

然后把渐变对象 gradient 赋给 strokeStyle，最后绘制渐变线条。

运行结果如图 4-2 所示。

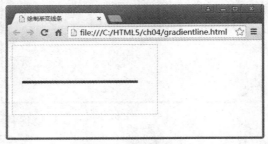

图 4-2 颜色渐变线条

4.1.5 绘制矩形

【示例 4.3】绘制一个矩形。

创建 HTML 文件 rect.html，代码如下：

```
<!doctype html>
<html>
<head>
<meta charset="utf-8">
<title>绘制矩形</title>
</head>
<body>
```

```
    <canvas id="myCanvas" width="300" height="150" style="border:1px solid #d3d3d3>
    </canvas>
        <script>
            var c = document.getElementById("myCanvas");
            var cxt = c.getContext("2d");
            cxt.fillStyle = "green";
            cxt.fillRect(30,30,100,50);
        </script>
</body>
</html>
```

设置矩形填充的颜色为绿色(默认为黑色)：

```
cxt.fillStyle = "green";
```

fillRect 方法有四个参数，分别代表：矩形左上角 x 坐标、矩形左上角 y 坐标、矩形宽度、矩形高度。

运行结果如图 4-3 所示。

图 4-3 绘制矩形

4.1.6 绘制线性渐变的矩形

【示例 4.4】绘制线性渐变的矩形。

创建 HTML 文件 gradientrect.html，代码如下：

```
<!doctype html>
<html>
<head>
<meta charset="utf-8">
<title>绘制线性渐变的矩形</title>
</head>
<body>
    <canvas id="myCanvas" width="300" height="150" style="border:1px solid #d3d3d3">
    </canvas>
        <script >
            var c = document.getElementById("myCanvas");
            var cxt = c.getContext("2d");
```

```
                    var gradient = cxt.createLinearGradient(0,0,170,50);
                    gradient.addColorStop(0,"#FF0000");
                    gradient.addColorStop(1,"#00FF00");
                    cxt.fillStyle = gradient;
                    cxt.fillRect(30,30,200,80);
        </script>
</body>
</html>
```

在示例 4.3 的基础上，把填充样式换成渐变对象就可以实现渐变效果，代码如下：
cxt.fillStyle = gradient;

fillStyle 属性可以接受色值、渐变对象或模式。

运行结果如图 4-4 所示。

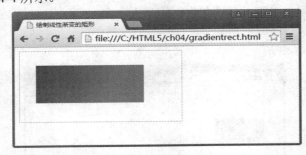

图 4-4 渐变矩形

4.1.7 绘制圆形和圆弧

绘制圆形或圆弧用到了 arc(x,y,r,sAngle,eAngle,[counterclockwise])方法，其中 x、y 是圆心的坐标；r 是半径；sAngel、eAngle 分别是起始角、结束角(以弧度计)；参数[counterclockwise]可选，代表是逆时针还是顺时针绘图，false 代表顺时针，true 代表逆时针。

【示例 4.5】绘制圆和圆弧。

创建 HTML 文件 test05.html，代码如下：

```
<!doctype html>
<html>
<head>
<meta charset="utf-8">
<title>绘制圆和圆弧</title>
</head>
<body>
        <canvas id="myCanvas" width="300" height="150" style="border:1px solid #d3d3d3">
        </canvas>
            <script >
                    var c = document.getElementById("myCanvas");
                    var cxt = c.getContext("2d");
```

```
            //绘制一个圆
            cxt.beginPath();
            cxt.arc(70,70,50,0,2*Math.PI);
            cxt.stroke();
            cxt.closePath();
            //绘制一个半圆
            cxt.beginPath();
            cxt.arc(200,70,50,0,1*Math.PI);
            cxt.stroke();
            cxt.closePath();
        </script>
    </body>
</html>
```

运行结果如图 4-5 所示。

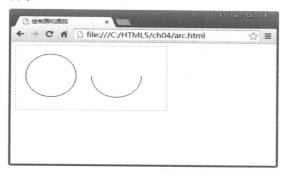

图 4-5　绘制圆形和圆弧

2*Math.PI 代表绘制的是整个圆；如果要绘制一个半圆，可以改为 1*Math.PI；如果要绘制四分之一圆弧，可以改为 0.5*Math.PI。

设置一条路径的起始点或重置当前路径的代码如下：

`cxt.beginPath();`

创建回到起始点路径的代码如下：

`cxt.closePath();`

4.2　绘制文字

Canvas 中绘制文字可以使用 fillText 方法和 strokeText 方法，这两个方法分别用于以填充方式和轮廓方式绘制文字。

fillText 语法如下：

`fillText(text,x,y,[maxWidth])`

其中，text 表示要绘制的文字，x、y 表示起始坐标，[maxWidth]表示最大宽度，是可选参数。

【示例 4.6】以填充方式绘制带渐变效果的文字。

创建 HTML 文件 text.html，代码如下：

```html
<!doctype html>
<html>
<head>
<meta charset="utf-8">
<title>绘制文字</title>
</head>
<body>
    <canvas id="myCanvas" width="300" height="150" style="border:1px solid #d3d3d3">
    </canvas>
    <script>
        var c = document.getElementById("myCanvas");
        var cxt = c.getContext("2d");
        var gradient = cxt.createLinearGradient(0,0,c.width,0);
        gradient.addColorStop(0,"magenta");
        gradient.addColorStop(0.5,"blue");
        gradient.addColorStop(1,"red");
        cxt.fillStyle = gradient;
        cxt.font = "30px Verdana";
        cxt.fillText("好好学习，天天向上",15,75);
    </script>
</body>
</html>
```

运行效果如图 4-6 所示。

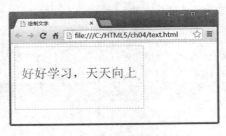

图 4-6 以填充方式绘制文字

【示例 4.7】以轮廓方式绘制文字。

在示例 4.6 的基础上，修改 cxt.fillStyle 属性和 cxt.fillText 方法，代码如下：

```
cxt.strokeStyle = gradient;
cxt.font = "30px Verdana";
cxt.strokeText("好好学习，天天向上",15,75);
```

上述代码中采用 strokeStyle 属性和 strokeText 方法来绘制文字，运行结果如图 4-7 所示。

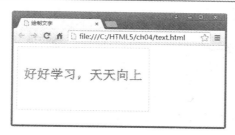

图 4-7　以轮廓方式绘制文字

4.3 绘制图像

drawImage 方法可以在画布上绘制图像。drawImage 方法有三种用法：
- drawImage(img,x,y)：绘制定位的图像；
- drawImage(img,x,y,width,height)：绘制定位的指定宽度、高度的图像；
- drawImage(img,sx,sy,swidth,sheight,x,y,height,width)：绘制定位剪切的指定宽度、高度的图像。

【示例 4.8】绘制定位的图像。

创建 HTML 文件 image.html，代码如下：

```
<!doctype html>
<html>
<head>
<meta charset="utf-8">
<title>应用图像</title>
</head>
<body>
    <canvas id="myCanvas" width="300" height="150" style="border:1px solid #d3d3d3">
    </canvas>
    <script >
            var c = document.getElementById("myCanvas");
            var cxt = c.getContext("2d");
            var img = new Image();
            img.onload = function(){
                cxt.drawImage(img,0,0);
                }
            img.src = "images/view.jpg";
    </script>
</body>
</html>
```

上述代码中，从 canvas 元素起点位置开始绘制了一张图像，在浏览器上的运行结果如图 4-8 所示。

图 4-8 在画布上绘制图像

修改示例 4.8 中绘制图像的代码如下：

cxt.drawImage(img,50,25,200,100);

上述代码在 canvas 上绘制了一个宽 200、高 100 像素的图像，运行结果如图 4-9 所示。

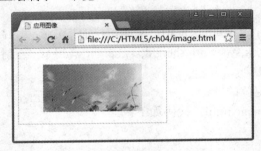

图 4-9 在画布指定位置绘制图像

4.4 阴影效果

如果要在 Canvas 中绘制出阴影效果，需要用到以下 4 个属性：shadowOffsetX、shadowOffsetY、shadowBlur 和 shadowColor，其基本用法如下：

context.shadowOffsetX=float;
context.shadowOffsetY=float;
context.shadowBlur=float;
context.shadowColor=color;

其中，shadowOffsetX 为阴影的水平偏移，shadowOffsetY 为阴影的垂直偏移，默认值都是 0，正值表示向下向右延伸，负值表示向上向左延伸；shadowBlur 为阴影羽化的程度，默认值为 0；shadowColor 为阴影的颜色。

【示例 4.9】绘制阴影效果。

创建 HTML 文件 shadow.html，代码如下：

```
<!doctype html>
<html>
<head>
<meta charset="utf-8">
<title>阴影效果</title>
```

```
</head>
<body>
    <canvas id="myCanvas" width="300" height="150" style="border:1px solid #d3d3d3">
    </canvas>
        <script>
            var c = document.getElementById("myCanvas");
            var cxt = c.getContext("2d");
            cxt.shadowBlur = 30;
            cxt.shadowColor = "black";
            cxt.fillStyle = "green";
            cxt.fillRect(20,20,100,70);
        </script>
</body>
</html>
```

上述代码中，shadowBlur 设置获取返回阴影的模糊级别，其值越大，阴影区域越大。运行效果如图 4-10 所示。

图 4-10　阴影效果

4.5　动画效果

【示例 4.10】绘制时钟动画效果。

创建 HTML 文件 animation.html，代码如下：

```
<!doctype html>
<html>
<head>
<meta charset="utf-8">
<title>动画效果</title>
</head>

<body>
    <canvas id="myCanvas" width="600" height="600" >
    </canvas>
```

```
<script>
//绘制时钟
    function drawClock(){
        var now = new Date();
        var hour = now.getHours(),
        m = now.getMinutes(),
        s = now.getSeconds();
        hour = hour>=12 ? hour-12 : hour;
        var c = document.getElementById("myCanvas");
        var ctx = c.getContext("2d");
        //初始化 save()方法
        ctx.save();
        //首先清除画布，否则会重叠绘制
        ctx.clearRect(0,0,400,400);
        //重新映射画布上的(0,0)位置
        ctx.translate(140,140);
        //选择画布角度
        ctx.rotate(-Math.PI/2);
        //设置路径颜色
        ctx.strokeStyle = "red";
        //设置线的宽度
        ctx.lineWidth = 2;
        //向线条的每个末端添加正方形线帽
        ctx.lineCap = "square";
        //保存当前状态
        ctx.save();
        //绘制小时刻度
        ctx.beginPath();
        for(var i = 0;i<12;i++){
            ctx.rotate(30*Math.PI/180);
            ctx.moveTo(110,0);
            ctx.lineTo(120,0);
        }
        ctx.stroke();
        //取出保存的画布状态进行融合
        ctx.restore();
        //保存当前画布状态
        ctx.save();
        //画分钟刻度
        ctx.beginPath();
```

```
        for(var i = 0;i<60;i++){
            ctx.rotate(6*Math.PI/180);
            ctx.moveTo(117,0);
            ctx.lineTo(120,0);
    }
    ctx.stroke();
    ctx.restore();
    ctx.save();
    //画时针
    ctx.beginPath();
    ctx.rotate((30*Math.PI/180)*(hour + m/60 + s/3600));
    ctx.lineWidth = 5;
    ctx.moveTo(0,0);
    ctx.lineTo(60,0);
    ctx.strokeStyle = "#000000";
    ctx.stroke();
    ctx.restore();
    ctx.save();
    //画分针
    ctx.beginPath();
    ctx.rotate((6*Math.PI/180)*(m + s/60));
    ctx.lineWidth = 3;
    ctx.moveTo(0,0);
    ctx.lineTo(75,0);
    ctx.strokeStyle = "#1ca112";
    ctx.stroke();
    ctx.restore();
    ctx.save();
    //画秒针
    ctx.beginPath();
    ctx.rotate(6*Math.PI/180*s);
    ctx.lineWidth = 1;
    ctx.moveTo(0,0);
    ctx.lineTo(90,0);
    ctx.strokeStyle = "#ff6b08";
    ctx.stroke();
    ctx.restore();
    ctx.save();
    //画外圈
    ctx.beginPath();
```

```
                    ctx.lineWidth = 2;
                    ctx.strokeStyle = "#fc4e19";
                    ctx.arc(0,0,125,0,2*Math.PI);
                    ctx.stroke();
                    //返回到初始化状态
                    ctx.restore();
                    ctx.restore();
            }
            //页面加载事件
            window.onload = function(){
                    //每秒钟绘制一次时钟
                    setInterval(drawClock,1000);
            };
    </script>
</body>
</html>
```

(1) 实例化一个当前日期的对象,并分别获取小时、分钟、秒。其中小时用三元表达式进行了运算,因为时钟的表盘只有 1~12,但是获取的小时是按 24 小时计时的,所以如果当前小时大于 12,则减去 12 以转化为 12 小时计时制,代码如下:

```
var now = new Date();
var hour = now.getHours(),
m = now.getMinutes(),
s = now.getSeconds();
hour = hour>=12 ? hour-12 : hour;
```

rotate(angle)方法用来旋转图像。小时是 12 个刻度,每 2 个刻度之间是 30°,所以用"30*Math.PI/180"来取得弧度,用 ctx.move(110,0)与 ctx.lineTo(120,0)绘制了小时刻度,长度为 10 像素,代码如下:

```
//绘制小时刻度
ctx.beginPath();
for(var i = 0;i<12;i++){
        ctx.rotate(30*Math.PI/180);
        ctx.moveTo(110,0);
        ctx.lineTo(120,0);
}
ctx.stroke();
```

(2) 绘制时针。时针每小时转 30°,长度设置为 60 像素,代码如下:

```
//画时针
ctx.beginPath();
ctx.rotate((30*Math.PI/180)*(hour + m/60 + s/360));
ctx.lineWidth = 5;
```

```
ctx.moveTo(0,0);
ctx.lineTo(60,0);
ctx.strokeStyle = "#000000";
ctx.stroke();
ctx.restore();
ctx.save();
ctx.rotate((30*Math.PI/180)*(hour + m/60 + s/360));
```

(3) 绘制分针。分针每分钟转 6°，长度设置为 75 像素，代码如下：

```
//画分针
ctx.beginPath();
ctx.rotate((6*Math.PI/180)*(m + s/60));
ctx.lineWidth = 3;
ctx.moveTo(0,0);
ctx.lineTo(75,0);
ctx.strokeStyle = "#1ca112";
ctx.stroke();
ctx.restore();
ctx.save();
```

(4) 绘制秒针。秒针每秒转 6°，长度设置为 90 像素，代码如下：

```
//画秒针
ctx.beginPath();
ctx.rotate(6*Math.PI/180*s);
ctx.lineWidth = 1;
ctx.moveTo(0,0);
ctx.lineTo(90,0);
ctx.strokeStyle = "#ff6b08";
ctx.stroke();
ctx.restore();
ctx.save();
```

运行效果如图 4-11 所示。

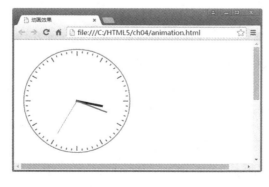

图 4-11　时钟动画

本 章 小 结

通过本章的学习，读者应该学会：
- ◆ 绘制直线、渐变线条、矩形、圆形、阴影、图像、文字等的技巧。
- ◆ 深入理解 Canvas 元素的属性和方法。
- ◆ 绘制多种多样的图像效果。

本 章 练 习

1. 绘制一条折线，效果如图 4-12 所示。

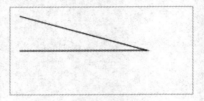

图 4-12　练习图 1

2. 绘制一个旋转的矩形，效果如图 4-13 所示。

图 4-13　练习图 2

第 5 章　HTML5 拖放

本章目标

- 掌握 HTML5 网页拖放的实现方式
- 掌握 dataTransfer 对象的使用方法
- 了解拖放文件到浏览器的实现方法

5.1 拖放实现方式

在 HTML4 中要实现拖放效果，需要利用 mousedown、mousemove、mouseup 事件模拟实现，代码复杂。而 HTML5 增加了针对 drag 和 drop 的拖放事件，实现拖放效果非常简单。

为了使元素可拖动，首先把 draggable 属性设置为 true：

```
<div draggable="true" />
```

然后在被拖动元素和目标元素上添加事件，这些事件的触发时间和目标对象各不相同，具体如下：

- dragStart：在开始拖放动作时发生，该事件的对象是被拖动元素；
- drag：在拖动过程中执行，该事件的对象是被拖动元素；
- dragEnter：当拖动界面元素进入目标元素时发生，该事件的对象是目标元素；
- dragOver：当拖动界面元素在目标元素上移动时发生，该事件的对象是目标元素；
- dragLeave：当拖动界面元素离开目标元素时发生，该事件的对象是目标元素；
- drop：当界面元素放置在目标元素上时发生，该事件的对象是目标元素；
- dragEnd：当完成拖放事件后发生，即在 drop 事件之后触发，该事件的对象是被拖动元素。

在页面中执行一次拖放操作时，对于被拖动元素和目标元素，一般会按如下顺序执行五个事件：dragStart、dragEnter、dragOver、drop 和 dragEnd。如果反复拖动元素离开和进入目标元素，dragEnter 和 dragLeave 事件会被执行多次。

下面的代码定义了两个有序列表，分别显示未添加角色和已添加角色，每个角色用一个 li 元素表示，设置 dragable 属性为 true。

```
<p>未添加角色</p>
<ul id="rolelist" ondrop="dragDrop(event)" ondragover="dragOver(event)">
    <li id="role1" draggable="true" ondragstart="dragStart(event)">
        项目经理</li>
    <li id="role2" draggable="true" ondragstart="dragStart(event)">        架构师</li>
    <li id="role3" draggable="true" ondragstart="dragStart(event)">
        UI 工程师</li>
    <li id="role4" draggable="true" ondragstart="dragStart(event)">
        软件工程师</li>
    <li id="role5" draggable="true" ondragstart="dragStart(event)">
        测试工程师</li>
</ul>
```

```
<p>已添加角色</p>
<ul id="rolebox" ondrop="dragDrop(event)" ondragover="dragOver(event)">
</ul>
```

两个 ul 元素分别设置了 ondrop 事件和 ondragover 事件，li 元素设置了 ondragstart 事件。在 ondragstart 事件的处理函数中，利用 dataTransfer 对象存储拖放数据，dataTransfer 对象将在下一节中详细介绍。下面的代码中，将被拖放元素的 id 属性值添加到拖放数据接口中，类型为 "text"。

```
function dragStart (event) {
    event.dataTransfer.setData("text/plain ", event.target.id);
}
```

被拖放元素在目标元素上移动时，ul 元素的 ondragover 事件被触发，该事件中要调用 event.preventDefault()方法来屏蔽元素的默认行为，否则 drop 事件可能不会被触发。

```
function dragOver (event) {
    event.preventDefault();
}
```

ul 元素的 ondrop 事件在拖放元素放到目标元素时触发，下面的代码是 ondrop 事件的处理函数，在这个示例中从 dataTransfer 对象中读取 text 类型数据，获取被拖放元素的 id 属性值，从而得到被拖放元素，并将其作为子元素添加到目标元素中。

```
function dragDrop (item) {
    item.preventDefault();
    var data = item.dataTransfer.getData("text/plain ");
    item.target.appendChild(document.getElementById(data));
}
```

在浏览器中打开该页面，效果如图 5-1 所示。

图 5-1　拖放示例

5.2 dataTransfer 对象

HTML5 实现了元素的拖放，但仅仅是实现了拖放动作，为了在拖放中实现数据交换，需要用到 dataTransfer 对象。dataTransfer 对象是事件对象的一个属性，只能在拖放事件的处理程序中访问。不同浏览器对 dataTransfer 对象的支持情况并不完全相同，本节以 Chrome 浏览器为例进行说明。

5.2.1 dataTransfer 对象属性

1．dropEffect

该属性设置拖放操作使用的实际行为，该属性值应该设置为 effectAllowed 允许的值，否则拖放操作会失败。dropEffect 属性在 dragEnter 和 dragOver 事件中设置，允许设置的值有"copy"、"link"、"move"和"none"。

- copy：被拖动对象拷贝到目标元素，鼠标指针显示为 ；
- move：被动对象移动到目标元素，鼠标指针显示为 ；
- link：目标元素建立一个被拖动对象的链接，鼠标指针显示为 ；
- none：不允许放到目标位置。

下面的代码在 dragEnter 中设置拖放行为值为 move：

```
function dragEnter(event)
{
    event.dataTransfer.dropEffect = 'move';
}
```

2．effectAllowed

该属性设置允许发生的拖动行为。在 dragStart 事件中可设置该属性值为"none"、"copy"、"copyLink"、"copyMove"、"link"、"linkMove"、"move"、"all"、"none"和"uninitialized"。

- copy：被拖动对象拷贝到目标元素，dropEffect 应设置为"copy"；
- move：被拖动对象移动到目标元素，dropEffect 应设置为"move"；
- link：目标元素建立一个被拖动对象的链接，dropEffect 应设置为"link"；
- copyLink：拷贝对象或建立对象链接，dropEffect 应设置为"copy"或"link"；
- copyMove：拷贝或移动对象，dropEffect 应设置为"copy"或"move"；
- linkMove：移动对象或建立对象链接，dropEffect 应设置为"move"或"link"；
- all：允许所有的拖放行为；
- none：不允许任何拖放行为；
- uninitialized：effectAllowed 的默认值，执行行为等同于 all。

下面的代码中，dragStart 设置的拖放行为值为 copyLink。

```
function dragStart(event) {
    event.dataTransfer.effectAllowed = 'copyLink';
    event.dataTransfer.setData("Text", event.target.id);
}
```

3．types

该属性返回一个 List 对象，包含所有存储到 dataTransfer 的数据类型。不同浏览器支持的数据类型不同，IE 限制最严格，Chrome 和 Firefox 可以用任意字符串作为一种类型。

4．files

该属性返回一个 List 对象。从本地硬盘拖曳文件到浏览器中时，通过该属性可获取文件列表，此时 types 属性为 files。

5.2.2 dataTransfer 对象方法

1．setData(format,data)

该方法将指定格式的数据存储在 dataTransfer 对象中。参数 format 定义数据类型，data 定义需要存储的数据。将被拖动对象的 id 属性以 text 类型存储到 dataTransfer 对象，实现代码如下：

```
event.dataTransfer.setData("text", event.target.id);
```

2．getData(format)

该方法从 dataTransfer 对象中获取指定格式的数据。参数 format 定义要读取数据的数据类型，如果指定的数据类型不存在，则返回空字符串或报错。从 dataTransfer 对象中读取 text 类型的数据，赋值给变量 data，代码如下：

```
var data = event.dataTransfer.getData("text");
```

3．clearData([format])

该方法从 dataTransfer 对象中删除指定格式的数据。参数 format 可选，如果未指定格式，则删除对象中所有数据。从 dataTransfer 对象中删除 text 类型的数据，代码如下：

```
event.dataTransfer.clearData("text");
```

4．setDragImage(element,x,y)

该方法设置拖放操作时跟随的图片。参数 element 定义图片，x 设置图片与鼠标在水平方向上的距离，y 设置图片与鼠标在垂直方向上的距离。默认情况下，被拖动对象转换为一张透明图片跟随鼠标移动。下面的代码中设置鼠标跟随图片为 log.png，运行结果如图 5-2 所示。

图 5-2 设置拖放背景图片

```
var img=new Image();
img.src ="../img/logo.png";
event.dataTransfer.setDragImage(img, 0, 0);
```

5.2.3 使用 dataTransfer 对象

下面通过一个完整的示例,进一步阐述 dataTransfer 对象和拖放事件的用法。示例的完整代码如下:

```
<!DOCTYPE HTML>
<html>
<head>
<title>HTML5 Drag and Drop API</title>
<style type="text/css">
body {
        text-align: center;
}
#sourceObject,#aimObject {
        float: left;
        padding: 10px;
        margin: 10px;
}
#sourceObject {
        background-color: #DFD7D7;
        width: 75px;
        height: 70px;
}
#aimObject {
        background-color: #A347FF;
        width: 150px;
        height: 150px;
}
</style>
<script>
        function dragStart(event) {
                event.dataTransfer.effectAllowed = 'copy';
                event.dataTransfer.setData("Text", event.target.id);
                document.getElementById("status").innerHTML = "开始拖动";
        }
        function drag(event) {
                document.getElementById("status").innerHTML = "拖动中!";
```

```
            }
            function dragEnd(event) {
                    document.getElementById("status").innerHTML = "拖放结束";
            }
            function dragEnter(event) {
                    event.preventDefault();
                    document.getElementById("status").innerHTML = "进入目标区域";
            }
            function dragOver(event) {
                    event.preventDefault();
                    event.dataTransfer.dropEffect ='copy';
                    document.getElementById("status").innerHTML = "在目标区域移动";
            }
            function dragLeave(event) {
                    document.getElementById("status").innerHTML = "离开目标区域";
            }
            function drop(event) {
                    event.preventDefault();
                    var data = event.dataTransfer.getData("Text");
                    event.target.appendChild(document.getElementById(data));
                    document.getElementById(data).innerHTML = "废弃文件";
                    document.getElementById("status").innerHTML = "放下对象";
            }
    </script>
</head>
<body>
        <h2>HTML5 拖放</h2>
        <div id="status">状态监控中！</div>
        <div id="aimObject" ondragover="dragOver(event)" ondrop="drop(event)"
            ondragleave="dragLeave(event)" ondragenter="dragEnter(event)">
                <p>回收站</p>
        </div>
        <div id="sourceObject" draggable="true"  ondragstart="dragStart(event)" ondragend="dragEnd(event)" ondrag="drag(event)">
                <p>待删除文件</p>
        </div>
</body>
</html>
```

在浏览器中打开该页面，效果如图 5-3 所示。

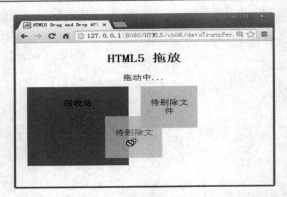

图 5-3　dataTransfer 对象拖放效果

在以上示例中，定义了两个 div 元素，分别表示"待删除文件"和"回收站"。一个 div 元素用于显示拖动的状态，称之为"状态元素"。利用 CSS 将两个 div 元素显示为带有背景颜色的文本框，"待删除文件"作为被拖动元素，添加 dragStart、dragEnd 和 drag 事件；"回收站"作为目标元素，添加 dragOver、dragLeave、drop 和 dragEnter 事件。

在拖动"待删除文件"到"回收站"的过程中，依次执行如下事件：

- dragStart：将 dataTransfer 的属性 effectAllowed 设置为"copy"，利用 dataTransfer 的 setData 方法，将"待删除文件"的 id 值作为 text 类型数据存入 dataTransfer 对象，状态元素显示为"开始拖动"。
- drag：状态元素显示为"拖动中！"。由于 drag 事件在 dragStart 事件后马上执行，所以状态元素显示为"开始拖动"的时间非常短，无法从状态元素上看到"开始拖动"的文字。drag 事件在拖动过程中会反复执行。
- dragEnter：当拖动"待删除文件"进入"回收站"时执行，状态元素显示为"进入目标区域"。
- dragOver：当拖动"待删除文件"在"回收站"内移动时执行，将状态元素显示为"在目标区域移动"。设置 dataTransfer 的 dropEffect 属性为"copy"，与 dragStart 中的 effectAllowed 相对应。该事件在 dragEnter 事件后立即执行，会覆盖 dragEnter 的状态显示。dragOver 在目标元素内拖动鼠标时反复执行。
- dragLeave：当将"待删除文件"移出"回收站"时执行，将状态元素显示为"离开目标区域"。
- drop：当将"待删除文件"放到"回收站"时执行，利用 dataTransfer 的 getData 方法获取 text 类型的数据，在这个例子中是"待删除文件"的 id 属性值，通过 getElementById 方法获得"待删除文件"元素，并追加到"回收站"中，状态元素显示为"放下对象"。
- dragEnd：拖动结束时执行，状态元素显示为"拖放结束"，在 drop 事件之后马上执行。

通过屏蔽 drag、dragOver 和 dragEnd 事件中的状态显示变更语句，可以清楚地看到其他事件的执行顺序。

5.3 拖放文件

HTML5 可以实现从本地文件夹拖动文件到浏览器中,利用 FileReader 对象读取文件内容,并进行后续操作。从本地文件夹中拖动图片文件到浏览器中,并在浏览器中显示该图片,代码如下:

```html
<!DOCTYPE html>
<html>
<head>
<meta http-equiv="Content-Type" content="text/html; charset=UTF-8">
<title>拖曳本地图片到页面指定元素内</title>
<script type="text/javascript">
    function dragover(e) {
        e.stopPropagation();
        e.preventDefault();     };
    function dragDrop(e) {
        e.stopPropagation();
        e.preventDefault();
        var fileList = e.dataTransfer.files;
        var fileType = fileList[0].type;
        var oImg = document.createElement('img');
        var reader = new FileReader();
        var oDropBox = document.getElementById('dropBox');
        if (fileType.indexOf('image') == -1) {
            alert('必须是图形文件!');
            return;    }
        reader.onload = function(e) {
            oImg.src = this.result;
            oDropBox.innerHTML = '';
            oDropBox.appendChild(oImg);
        };
        reader.readAsDataURL(fileList[0]);
    };
</script>
<style type="text/css">
#dropBox {
    width: 400px;
    height: 300px;
    border: 1px solid #015EAC;
    color: #666;
```

```
        overflow: hidden;   }
</style>
</head>
<body>
        <div id="dropBox" ondrop="dragDrop(event)"
        ondragover="dragover(event)">拖曳图片到这里！</div>
</body>
</html>
```

在浏览器中打开该页面，效果如图 5-4 所示。拖动一个本地图片文件到目标区域，浏览器显示该图片，如图 5-5 所示。

图 5-4 拖放图片之前

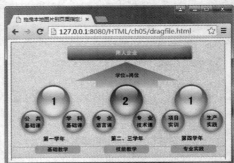
图 5-5 拖放图片

本 章 小 结

通过本章的学习，读者应该掌握：
◆ HTML5 中拖曳的实现方式。
◆ HTML5 拖曳相关事件的使用方法，包括 dragStart、dragEnter、dragOver、drop、dragEnd、dragEnter 和 dragLeave。
◆ dataTransfer 对象的属性和方法。
◆ dataTransfer 对象的使用方法。
◆ 从本地浏览器拖曳文件的实现方法。

本 章 练 习

1. _____事件是被拖曳元素的事件。
   A．drop   B．dragLeave   C．dragEnter   D．dragEnd
2. dropEffect 属性值不可设置为_____
   A．copy   B．move   C．link   D．all
3. 为了使元素可拖动，需要把_____属性设置为 true。
4. 设置拖放时跟随的图片，使用 dataTransfer 对象的_____函数。
5. 获取拖放文件名称，使用 dataTransfer 对象的_____属性。

第 6 章　HTML5 音频和视频

本章目标

- 掌握 HTML5 播放音频的属性和方法
- 掌握 HTML5 播放视频的属性和方法
- 掌握 HTML5 支持的音频和视频格式
- 了解 DOM 进行视频播放控制的方法

6.1 Web 上的音频

很长一段时间内，在 Web 上播放音频只能使用 Adobe Flash、Apple QuickTime 等第三方插件，但是并不是所有的浏览器都支持这些插件。随着 HTML5 的出现，播放音频文件变得异常简单，用户只要打开浏览器就可以享受美妙的音符。HTML5 规定了一种通过 audio 元素来播放音频的标准方法。

6.1.1 音频格式

当前 audio 元素支持三种音频格式：Ogg、MP3 和 WAV，各个浏览器对这三种格式的音频支持程度也不尽相同，如表 6-1 所示。

表 6-1 不同浏览器支持的音频格式

格 式	IE	FireFox	Opera	Chrome	Safari
Ogg		√	√	√	
MP3	√	√	√	√	√
WAV		√	√	√	√

6.1.2 audio 元素的属性、方法和事件

audio 元素的常用属性如表 6-2 所示，通过属性的设置可以控制音频播放的行为，如进行循环播放、是否显示播放按钮等。

表 6-2 audio 元素的属性

属 性	值	描 述
autoplay	autoplay	音频在就绪后马上播放
controls	controls	向用户显示控件，比如播放按钮
loop	loop	音乐播放结束后重新播放
preload	preload	音频在页面加载并预备播放。如果使用"autoplay"，则忽略该属性
src	url	要播放的音频 url

audio 元素的方法如表 6-3 所示。

表 6-3 audio 元素的方法

方 法	描 述
addTextTrack()	向音频添加新的文本轨道
canPlayType()	检测浏览器是否能播放指定的音频类型
load()	重新加载音频元素
play()	开始播放音频
pause()	暂停当前播放的音频

audio 元素的常用事件如表 6-4 所示。

表 6-4 audio 元素的常用事件

事件	描述
canplay	当浏览器可以播放音频时
pause	当音频已暂停时
play	当音频已开始或不再暂停时
playing	当音频在因缓冲而暂停或停止后已就绪时
progress	当浏览器正在下载音频时
volumechange	当音量已更改时
timeupdate	当目前的播放位置已更改时

【示例 6.1】使用 audio 播放音频文件。

创建 HTML 文件 audio.html 并编写代码如下：

```
<!doctype html>
<html>
<head>
<meta charset="utf-8">
<title>audio</title>
</head>
<body>
    <audio src="Source/videos/nightstar.mp3"
        controls="controls" autoplay="autoplay" >
        您的浏览器不支持 audio 标签。
    </audio>
</body>
</html>
```

上述代码中，src 属性用于引用音频文件，controles 属性用于显示播放控制按钮，autoplay 表示页面加载时自动播放音频。运行结果如图 6-1 所示。

图 6-1 音频播放界面

另外，audio 元素可以设置多个 source 元素。source 元素可以连接不同的音频文件，浏览器将使用第一个可识别的格式：

```
<audio controls>
    <source src="Source/videos/rainstill.mp3" type="audio/mpeg"></audio>
    <source src="Source/videos/song.ogg" type="audio/ogg"></audio>
</audio>
```

6.2 Web 上的视频

直到现在,仍然不存在一项在网页上显示视频的标准,大多数视频是通过插件(如 Flash)来播放的,但是,并非所有浏览器都拥有相同的插件。HTML5 提供了一种通过 video 元素来包含视频的标准方法,可以方便快捷地实现视频文件的播放。

6.2.1 视频格式

目前 video 元素支持三种视频格式:Ogv、MPEG4 和 WebM。这三种视频格式对应的文件如下:

- ◇ Ogv:带有 Theora 视频编码和 Vorbis 音频编码的 Ogg 文件;
- ◇ MPEG4:带有 H.264 视频编码和 AAC 音频编码的 MPEG4 文件;
- ◇ WebM:带有 VP8 视频编码和 Vorbis 音频编码的 WebM 文件。

video 元素在不同的浏览器中,对视频格式的支持情况有所不同,当前 Chrome 浏览器支持度较高。不同浏览器所支持的视频格式如表 6-5 所示。

表 6-5 不同浏览器所支持的视频格式

格式	IE	FireFox	Opera	Chrome	Safari
Ogv		√	√	√	
MPEG 4	√	√	√	√	√
WebM		√	√	√	

6.2.2 video 元素的属性、方法和事件

video 元素的常用属性如表 6-6 所示,通过属性可以控制视频播放的行为,如进行循环播放、设置播放器的宽度和高度等。

表 6-6 video 元素的属性

属性	值	描述
autoplay	autoplay	视频在就绪后马上播放
controls	controls	向用户显示控件,比如播放按钮
loop	loop	视频结束后重新播放
preload	preload	视频在页面进行加载并预备播放。如果使用"autoplay",则忽略该属性
src	url	要播放的视频
width	pixels	播放器的宽度
height	pixels	播放器的高度

video 元素提供的方法如表 6-7 所示,可以在脚本中通过 DOM 获得 video 元素,并对播放器进行控制。

表 6-7 video 元素的方法

方法	描述
addTextTrack()	向视频添加新的文本轨道
canPlayType()	检查浏览器是否能够播放指定的视频类型
load()	重新加载视频元素
play()	开始播放视频
pause()	暂停当前播放的视频

video 元素常用事件如表 6-8 所示。

表 6-8 video 元素常用事件

事件	描述
canplay	当浏览器可以播放视频时
pause	当视频已暂停时
play	当视频已开始或不再暂停时
playing	当视频在因缓冲而暂停或停止后已就绪时
progress	当浏览器正在下载视频时
volumechange	当音量已更改时
timeupdate	当目前的播放位置已更改时

6.2.3 使用 DOM 进行视频控制

DOM 事件能够根据 video 元素的状态(如开始播放、已暂停、已停止等)调用 video 元素的方法，对视频进行加载、播放、暂停等控制。

【示例 6.2】使用 video 元素播放视频文件。

创建 HTML 文件 video.html，代码如下：

```
<!doctype html>
<html>
<head>
<meta charset="utf-8">
<title>视频(Video)</title>
</head>
<body>
<video id="myVideo" width="672" height="378" controls autoplay>
    <source src="Source/videos/td.mp4" type="video/mp4"></video>
    </video>
<div style=" width:670px; text-align:right">播放时间:
<span id="showTime"></span></div>
    <br>
        <div id="buttonDiv">
```

```
    <input type="button" value="播放/暂停" onClick="PlayorPause()"/>
    <input type="button" value="增大音量" onClick="AddVolume()"/>
    <input type="button" value="减小音量" onClick="MinVolume()"/>
    <input type="button" value="加速播放" onClick="AddSpeed()"/>
    <input type="button" value="减速播放" onClick="MinSpeed()"/>
    <input type="button" value="设置静音" onClick="SetMuted()" id="setMuted"/>
</div>
<canvas id="myCanvas"></canvas>
<script>
        var video = document.getElementById("myVideo");
        var showTime = document.getElementById("showTime");
        if(video.canPlayType){
                video.addEventListener("timeupdate",TimeUpdate,false);
        }
        //格式化播放时间
        function TimeUpdate(){
                var ct = video.currentTime;
                var st = video.duration;
                var ctStr = RunTime(parseInt(ct/60)) + ":" +
                        RunTime(parseInt(ct%60));
                var stStr = RunTime(parseInt(st/60)) + ":" +
                        RunTime(parseInt(st%60));
                showTime.innerHTML = ctStr+" | " + stStr;
        }
        function RunTime(num){
                var len = num.toString().length;
                while(len < 2){
                        num = "0" + num;
                        len++;
                }
                return num;
        }
        //播放/暂停
        function PlayorPause(){
                if(video.paused){
                        video.play();
                }
                else{
                        video.pause();
                }
```

```
                }
                //加音
                function AddVolume(){
                        if(video.volume < 1){
                                video.volume+=0.1;
                        }
                }
                //减音
                function MinVolume(){
                        if(video.volume > 0){
                                video.volume-=0.1;
                        }
                }
                //加速
                function AddSpeed(){
                        video.playbackRate+=1;
                }
                //减速
                function MinSpeed(){
                        if(video.playbackRate > 1){
                                video.playbackRate-=1;
                        }
                }
                //设置静音
                function SetMuted(){
                        if(!video.muted){
                                video.muted = true;
                                document.getElementById("setMuted").value = "取消静音";
                        }
                        else{
                                video.muted = false;
                                document.getElementById("setMuted").value = "设置静音";
                        }
                }
        </script>
</body>
</html>
```

在上述代码中，首先定义了一个 video 元素，用于播放视频，设置其属性为自动播放，显示播放按钮，播放的视频文件为 td.mp4。

```
<video id="myVideo" width="672" height="378" controls autoplay>
```

```
        <source src="Source/videos/td.mp4" type="video/mp4"></video>
</video>
```

增加自定义播放控制按钮，用于实现视频的播放和暂停、音量调节、播放速度控制和静音功能，这些控制通过脚本函数实现。

```
<div id="buttonDiv">
        <input type="button" value="播放/暂停" onClick="PlayorPause()"/>
        <input type="button" value="增大音量" onClick="AddVolume()"/>
        <input type="button" value="减小音量" onClick="MinVolume()"/>
        <input type="button" value="加速播放" onClick="AddSpeed()"/>
        <input type="button" value="减速播放" onClick="MinSpeed()"/>
        <input type="button" value="设置静音" onClick="SetMuted()" id="setMuted"/>
</div>
```

在脚本中，通过 DOM 获取 video 对象，并检测浏览器是否能播放指定的视频，如果可以播放，则添加 timeupdate 事件监听函数，在该函数中格式化播放时间，代码如下：

```
var video = document.getElementById("myVideo");
if(video.canPlayType){
        video.addEventListener("timeupdate",TimeUpdate,false);
}
//格式化播放时间
function TimeUpdate(){
        var ct = video.currentTime;
        var st = video.duration;
        var ctStr = RunTime(parseInt(ct/60)) + ":" +RunTime(parseInt(ct%60));
        var stStr = RunTime(parseInt(st/60)) + ":" +RunTime(parseInt(st%60));
        showTime.innerHTML = ctStr+" | " + stStr;
}
```

获取视频当前时长以及总时长，代码如下：

```
var ct = video.currentTime;
var st = video.duration;
```

PlayorPause()函数首先判断视频播放状态，如果是暂停状态，则控制 video 元素开始播放视频；如果是播放状态，则控制 video 元素暂停播放，代码如下：

```
//播放/暂停
function PlayorPause(){
        if(video.paused){
                video.play();
        }
        else{
                video.pause();
        }
}
```

AddVolume()函数用于增大音量。video 元素的音量属性 volume 最大值为 1，在脚本中首先判断当前视频的音量，如果音量小于 1，则每次音量增加 0.1，代码如下：

```
//增加音量
function AddVolume(){
    if(video.volume < 1){
        video.volume+=0.1;
    }
}
```

AddSpeed()函数用于加快视频的播放速度，类似于快进功能，代码如下：

```
//加速
function AddSpeed(){
    video.playbackRate+=1;
}
```

SetMuted()函数设置是否静音，如果当前不是静音状态，则设置为静音，并把按钮文本改为"取消静音"，反之，则改为"设置静音"，代码如下：

```
//设置静音
function SetMuted(){
    if(!video.muted){
        video.muted = true;
        document.getElementById("setMuted").value = "取消静音";
    }
    else{
        video.muted = false;
        document.getElementById("setMuted").value = "设置静音";
    }
}
```

在浏览器中打开该网页，效果如图 6-2 所示。

图 6-2　视频播放界面

本 章 小 结

通过本章的学习，读者应该学会：
- ◆ audio 和 video 元素的属性、方法。
- ◆ HTML5 播放视频和音频的方式。
- ◆ HTML5 支持的视频和音频格式。
- ◆ DOM 元素对视频的控制方法。

本 章 练 习

编写一个网络视频播放程序，页面左侧是视频列表，右侧是播放器，双击左侧视频将其在右侧播放器进行播放。

第 7 章　HTML5 Web 存储

本章目标

- 了解 Web 存储的优点
- 了解 Web 存储与 Cookie 之间的区别
- 掌握 Web 存储的使用方法
- 掌握 Web SQL 的使用方法

7.1 Web 存储

在 Web 应用程序或 Web 站点中，一般使用 Cookies 来保存数据，但是使用 Cookies 有很多限制和不利因素。比如对于每一个 HTTP 请求，只能有 4KB 的存储量，不能超过这个限制。HTML5 的 Web 存储可以解决存储量限制的问题。

从存储形式上看，Web 存储有两种类型：
- 键值对形式的 Web 存储。
- Web SQL Database 和索引数据库。

7.1.1 什么是 Web 存储

Web 存储以键值对的形式，在浏览器中保存和持久化数据，即使关闭了浏览器，数据依然存在，从这点上看，类似于 Cookies 机制。与 Cookies 机制不同的是，Web 存储的数据只供本地浏览器使用，而不是发送到服务器端，而且 HTML5 对 Web 存储的本地磁盘空间没做限制，每个 Web 应用程序都有它自己专门的存储，各厂商的浏览器会限制 Web 存储的数量。

Web 存储分为两种不同的存储对象，它们使用相同的实现机制，只是可见性和生命周期不同。
- 会话存储(Session Storage)：只限于当前会话访问，在浏览器关闭后会消失，通过 sessionStorage 进行访问。
- 本地存储(Local Storage)：没有时间限制的数据存储，通过 localStorage 进行访问。

在 HTML5 中，原本存储于服务器端的数据转为存储在本地，在不影响网站性能的情况下存储大量数据成为可能。对于不同的网站，数据存储于不同的区域，并且一个网站只能访问其自身的数据。HTML5 使用 JavaScript 来存储和访问数据。

7.1.2 Cookie 和 Web 存储的优缺点

Cookie(复数形式是 Cookies)最初是网站为了辨别用户身份、进行 Session 跟踪而存储在用户本地终端上的数据。Cookie 一般会先经过加密再存储。只要 URL 请求涉及 Cookie，Cookie 就会在服务器和浏览器间来回传递。一方面，这意味着 Cookie 数据在网络上是可见的，如果不加密就有安全风险；另一方面，也意味着无论加载哪个相关 URL，Cookie 中的数据都会消耗网络带宽。因此，从目前情况来看，Cookie 一般应用于数据量较小的场景。

HTML5 中的 Web Storage API 可以不使用网络传输而达到同样的目的，即通过使用 sessionStorage 或 localStorage 存储数据，在打开新窗口或新标签页以及重新启动浏览器时，可以重新加载存储的数据，这些数据不会在网络上传输。此外，使用 Web Storage API 可以保存高达数兆字节的数据，因此，Web Storage 适用于存储超出 Cookie 大小限制的文档或文件数据。

sessionStorage 用于本地存储一个会话(Session)中的数据，这些数据只有在同一个会话中的页面才能访问，当会话结束后数据也随之销毁。因此 sessionStorage 不是一种持久化的本地存储，仅仅是会话级别的存储。localStorage 用于持久化的本地存储，除非主动删除数据，否则数据永远不会过期。

Web Storage 和 Cookie 有相似之处，也有一些不同的地方。

- ◇ 网络传输：Cookie 会随着请求发送到服务器端，而 Web Storage 数据存储在客户端，不会与服务器发生交互；
- ◇ 存储限制：Cookie 存储的数据大小限制为 4KB，而 Web Storage 能够提供更大容量的存储设计(根据浏览器不同，可以存储 5MB 左右的数据)；
- ◇ 数据接口：Web Storage 提供丰富的数据接口，开发人员可以方便地访问数据，而 Cookie 则需要开发人员自行开发接口；
- ◇ 存储空间：Web Storage 每个域(包括子域)有独立的存储空间，各个存储空间是完全独立的，因此不会造成数据混乱。

虽然 Web Storage 相对于 Cookie 具有很多优势，但是 Cookie 也是不可或缺的，Cookie 的作用是与服务器进行交互，作为 HTTP 规范的一部分而存在，而 Web Storage 仅仅是用于在本地"存储"数据。

7.1.3 Web 存储 API

Web 存储(Web Storage)提供了一系列的 API，用于访问 Web 存储中的数据，主要的 API 如表 7-1 所示。

表 7-1 Web 存储 API

函数名	功　能
length	存储的键值对的数量
key(n)	返回存储的第 n 个键
getItem(key)	返回键 key 对应的值。如果值不存在，则返回空 null。注意，返回的值是一个字符串。如果存储的值是整数或布尔型，需要进行类型转换
setItem(key, value)	把值插入到 key 键中
removeItem(key)	移除某个键对应的值(包含键本身)。如果键不存在，此方法不做任何事情
clear()	清空存储的键/值数据

可以使用 setItem()和 getItem()方法访问 localStorage 中的键值，代码如下：

```
localStorage.setItem("key", "value");
var val = localStorage.getItem("key");
```

setItem()函数能够将数据存入指定键对应的位置，如果值已存在，则替换原值。需要注意的是，如果用户关闭了网站的存储，或者存储达到最高容量，那么此时设置数据将会抛出 QUOTA_EXCEEDED_ERR 错误。

可以不使用 setItem()和 getItem()方法来存取键值数据，即直接把存储看做是一个带属性的类，直接访问其属性，代码如下：

```
localStorage.key = "value";
```

```
var val = localStorage.key;
```
　　removeItem()函数的作用是删除数据项，如果键参数对应数据，则调用此函数会将相应的数据项删除。如果键参数没有对应数据，则不执行任何操作。

　　Web 存储的响应事件也是经常用到的技术，当 Web 存储中数据发生改变时，存储事件被触发。存储事件关联到窗口对象，无论是 setItem()方法、removeItem()方法还是 clear()方法，都会触发该事件。开发者可以编写一个接收事件参数的函数：

```
if (window.addEventListener) {
    window.addEventListener("storage", handleStorageEvent, false);
} else {
    // IE 9以下的版本
    window.attachEvent("onstorage", handleStorageEvent);
};
function handleStorageEvent(e) {
    …
}
```

　　【示例 7.1】编写 HTML5 页面，输入一个键和一个值，单击"增加"按钮将输入的数据进行保存，单击"清除"按钮则删除所有的保存数据。

　　新建 HTML5 文件 WebStorage.html，代码如下：

```
<!doctype html>
<html lang="en" >
 <head>
  <meta http-equiv="Content-Type" content="text/html; charset=utf-8">
  <title>Web存储API</title>
  <style type="text/css">
        table{
              border-collapse:collapse;
              border:1px solid #000000;
        }
        th,td{
              border:1px solid #000000;
              padding:1px;
              text-align: center;
              width:120px;
        }
  </style>
 </head>
 <body>
    <div id="page">
        <div id="actarea">
            <div>
```

```html
            <lable>键</lable>
            <input id="key" type="text"/>
        </div>
        <div>
            <lable>值</lable>
            <input id="value" type="text"/>
        </div>
        <div id="buttons">
            <button id="add">
                添加</button>
            <button id="clear">
                清除</button>
        </div>
    </div>
    <br />
    <div id="contable">
        <table id="data">
        </table>
    </div>
</div>
<script>
//装载网页、从本地存储装载数据
displayData();
var buttons=document.getElementsByTagName("button");
for(var i=0;i<buttons.length;i++)
{
        buttons[i].onclick=handleButtonPress;
}
function displayData()
{       //加载数据
        var tableElement=document.getElementById("data");
        tableElement.innerHTML = "<tr><th>键</th> <th>值</th> </tr>";
        var itemCount = localStorage.length;
        for(var i=0;i<itemCount;i++)
        {       var key=localStorage.key(i);
                var value=localStorage.getItem(key);
                tableElement.innerHTML += "<tr><td>"+key+"</td><td>"+value+"</td></tr>";
        }
}
function handleButtonPress(e)
```

```
                {      switch(e.target.id)
                {
                        case "add":
                                var key = document.getElementById("key").value;
                                var value = document.getElementById("value").value;
                                localStorage.setItem(key, value);
                                displayData();
                                break;
                        case "clear":
                                localStorage.clear();
                                displayData();
                                    break;
                        default:
                                    break;
                }
        }
        </script>
 </body>
</html>
```

上述代码中，在页面加载时通过访问 localStorage 中存储的数据，将数据加载到页面的表格中，代码如下：

```
var itemCount = localStorage.length;
for(var i=0;i<itemCount;i++)
{       var key= localStorage.key(i);
        var value= localStorage.getItem(key);
        tableElement.innerHTML += "<tr><td>"+key+"</td><td>"+value+"</td></tr>";
}
```

"添加"按钮和"清除"按钮通过调用 JavaScript 脚本，增加和清除 Web 存储中的值，当 Web 存储中已经存在对应键值的数据时，原有键值将被新的键值数据替换。运行结果如图 7-1 所示。

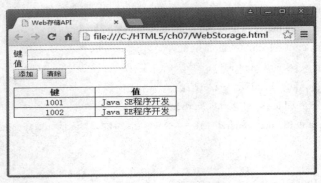

图 7-1　加载 localStorage 中的数据

第 7 章　HTML5 Web 存储

sessionStorage 与 localStorage 对象在使用上并没有什么不同，sessionStorage 与 localStorage 对象在行为上的差异主要是数据的保存时长和它们的共享方式。

在浏览器中，可以通过开发工具查看保存于 Web 存储中的数据。以谷歌浏览器 Chrome 为例，按下 F12 键，则显示开发工具窗口，在 Resources 选项卡中，选择 Local Storage，可以看到 Web 存储中的数据，如图 7-2 所示。

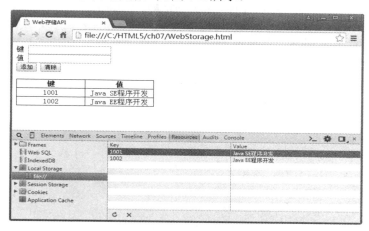

图 7-2　用浏览器查看 Web 存储中的数据

7.2　Web SQL Database

Web SQL Database 允许应用程序通过一个异步 JavaScript 接口访问 SQLite 数据库，虽然它既不是常见 Web 平台的一部分，也不是 HTML5 规范最终推荐的数据库 API，但是针对如 Safari 移动版这样的特定平台时，Web SQL Database API 会很有用。在任何情况下，Web SQL Database API 在浏览器中的数据库处理能力都是无可比拟的。

HTML5 的 Web SQL Database API 有三个核心的方法，通过这三个方法可实现打开数据库、执行 SQL 语句和控制事务的功能，如表 7-2 所示。

表 7-2　Web SQL Database API

函数	功能
openDatabase()	打开数据库或者创建新的数据库
transaction()	控制事务的提交和回滚
executeSql()	执行 SQL 语句

在使用 Web SQL Database 时，一般经常用到的操作有打开数据库、通过事务执行 SQL 脚本。

◇ 打开数据库：使用 openDatabase()方法打开数据库，如果该数据库不存在，则创建新的数据库。该方法包含五个参数：数据库名、版本号、描述、数据库大小、回调函数，其中回调函数可以省略，示例代码如下：

```
var db = openDatabase('student', '1.0','Student Info', 5 * 1024);
```

HTML5 程序设计及实践

❖ 通过事务执行 SQL 脚本：使用 transaction()方法接收一个方法作为参数，在该方法中执行 SQL 脚本，示例代码如下。

```
var db = openDatabase('student', '1.0','Student Info', 5 * 1024);
db.transaction(function(tx){
        tx.executeSql('CREATE TABLE studentinfo (id INTEGER , name TEXT)');
        tx.executeSql('INSERT INTO studentinfo(id, name) Values(1, "zhangsan")');
});
```

上述代码首先在数据库中创建表 studentinfo，然后向数据库表中插入一条记录。

【示例 7.2】使用 Web SQL 存储用户信息。

在文本框输入内容后，单击"添加"按钮，会显示当前添加的用户。

(1) 新建 HTML5 文件 webSql.html，代码如下：

```html
<!doctype html>
<html>
<head>
<meta charset="utf-8">
<title>Web SQL</title>
<style>
        body{
                font-size:14px;
        }
        fieldset legend{
                font-family:隶书;
                font-size:22px;
        }
        #userInfo li{
                list-style:none;
                height:30px;
                padding-top:5px;
        }
        #userInfo li input{
                height:20px;
        }
        #userInfo li input[type=button]{
                margin-left:50px;
                width:100px;
        }
        table{
                width:400px;
                border:1px solid #999;
        }
```

· 96 ·

```html
            table tr{
                height:30px;
                text-align:center;
            }
    </style>
    </head>
    <body>
        <fieldset>
            <legend>新增用户</legend>
            <ul id="userInfo">
                <li >
                    <span>姓名：</span>
                    <input type="text" name="name" id="name"/>
                </li>
                <li>
                    <span>年龄：</span>
                    <input type="text" name="age" id="age"/>
                </li>
                <li>
                    <span>电话：</span>
                    <input type="text" name="phone" id="phone"/>
                </li>
                <li>
                    <span></span>
                    <input type="button" value="添加" onClick="addUser()"/>
                    <input type="button" value="清空" onClick="deleteData()"/>
                </li>
            </ul>
        </fieldset>
        <p>用户列表</p>
        <table id="userTable" border="1" cellpadding="0" cellspacing="0">
            <tr>
                <th width="200">姓名</th>
                <th width="50">年龄</th>
                <th width="150">电话</th>
            </tr>

        </table>
    </body>
</html>
```

运行结果如图 7-3 所示。

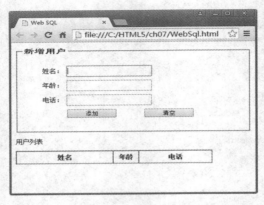

图 7-3　Web SQL 运行界面

(2) 修改页面代码，编写 JavaScript，实现用户信息存储与显示，代码如下：

```
<script src="js/libs/jquery-1.6.2.js"></script>
<script>
    //页面加载时创建一个2MB大小的数据库，命名为users,版本为1.0
    var db = openDatabase('mydb','1.0','user info',2*1024*1024);
    //创建表
    function createTable(){
        db.transaction(function(tx){
            tx.executeSql('create table if not exists users    (id INTEGER PRIMARY KEY
                AUTOINCREMENT, name TEXT,age TEXT,phone TEXT)');
        });
    }
    //添加用户
    function addUser(){
        var name = $("#name").val();
        var age = $("#age").val();
        var phone = $("#phone").val();
        if($.trim(name).length == 0 || $.trim(age).length == 0 || $.trim(phone).length == 0){
            alert("请输入内容！");
            return;
        }
        db.transaction(function(tx){
            tx.executeSql('insert into users(name,age,phone) values
                (?,?,?)',[name,age,phone],function(tx,rs){
                    //如果插入数据成功，则把当前用户信息追加到table里
                    var str = '<tr><td>'+name+'</td><td>'+age+
                    '</td><td>'+phone+'</td></tr>';
```

```
                    $("#userTable").append(str);
                },function(tx,error){
                    alert(error.source+"=="+error.message);
                });
            });
        }
        //清空表数据
        function deleteData(){
            db.transaction(function(tx){
                tx.executeSql('delete from users',[],function(tx,rs){
                    console.log('数据清空');
                    location.reload();
                },function(tx,error){
                    alert(error.source+"=="+error.message);
                });
            });
        }
        //显示用户列表
        function showUsers(name){
            db.transaction(function(tx){
                tx.executeSql('select *from users',[],function(tx,rs){
                    //取出数据库中用户数量
                    var len = rs.rows.length;
                    for(var i=0;i<len;i++){
                        var u = rs.rows.item(i);
                        var name = u.name;
                        var age = u.age;
                        var phone = u.phone;
                        var str = '<tr><td>'+name+'</td><td>'+age+
                            '</td><td>'+phone+'</td></tr>';
                        $("#userTable").append(str);
                    }
                },function(tx,error){
                    alert(error.source+"=="+error.message);
                });
            });
        }
        createTable();
        //deleteData();
</script>
```

HTML5 程序设计及实践

上述代码中，创建了一个名称为"mydb"的数据库，并在该数据库中创建了一张表"users"，当单击"添加"按钮时，调用 addUser()函数把用户信息保存到数据库中并向 table 中追加用户信息。运行结果如图 7-4 所示。

注意

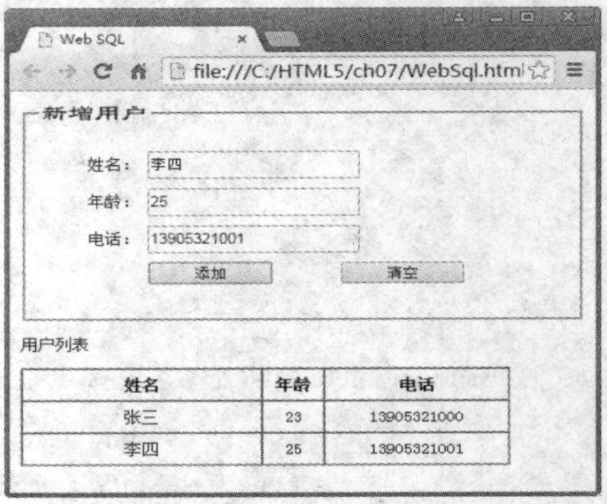

Web SQL Database 事实上已被一些浏览器厂商支持(如 Chrome)，但在网页超文本应用技术工作小组(WHATWG)中被列为停滞状态，由于标准认定直接执行 SQL 语句不可取，Web SQL Database 已被较新的规范——索引数据库所取代，目前浏览器正在逐步实现对索引数据库的支持。

图 7-4　Web SQL 运行结果

本 章 小 结

通过本章的学习，读者应该了解：
- Web 存储与 Cookie 的异同。
- Web 存储 API 的使用方法。
- Web SQL 的使用方法。
- 如何通过浏览器查看 Web 存储的数据。

本 章 练 习

1．Web 存储产生的原因是什么？（　　）
　A．Cookie 存储容量小
　B．Cookie 会强制和浏览器产生交互
　C．Web 存储的产生符合 HTML5 语言规范
　D．Web 存储持久化数据方式灵活
2．Web 存储持久化数据的方式有哪些？（　　）
　A．配置文件　　　　　　　　　　B．服务器文件
　C．JavaScript API　　　　　　　　D．Java 编写的 Serverlet
3．Web 存储数据更新后，在其他网页可以响应吗？（　　）
　A．可以　　　　　　　　　　　　B．不可以
4．Web 存储可以使不同 Session 窗口的网页同时访问同一数据吗？（　　）
　A．可以　　　　　　　　　　　　B．不可以
5．Web 存储有哪些方式？（　　）
　A．Session storage　　　　　　　　B．local Storage
　C．Web SQL　　　　　　　　　　D．本地数据库
6．简述 Web 存储产生的意义。

第 8 章　HTML5 应用程序缓存

本章目标

- 了解应用程序缓存的应用场景
- 了解应用程序缓存和浏览器缓存的区别
- 掌握浏览器对 HTML5 的支持情况
- 掌握应用程序缓存的实现方式

8.1 应用程序缓存的应用场景

本地存储是 HTML5 的重要特性，具有无可比拟的优越性。假设打开一个页面，加载完成后突然断网了，刷新页面后内容消失，如果这是一个比较重要且难以寻找的资料，那么这就是一个非常差的用户体验；反之，刷新页面后保留刚才页面，在新窗口中输入相同的网址，重新访问该页面，即使在断网的状态下打开的还是原来那个页面，用户体验会很好。

应用程序缓存是本地存储的一种实现形式，从应用场景上去分析，有以下典型的场景：

- ◇ 网络连接状态不稳定的情况下，使用者打开网页或者 Web 应用临时处理一些工作任务，比如在手机或 PC 机上打开一个网页，计算买房贷款的金额数，在某个特定时间向家人或朋友展示计算的结果；
- ◇ 网络连接状态不稳定的情况下，阅读或撰写电子邮件，创建待办事件列表；
- ◇ 在离线状态访问 Web 应用，比如在航班上，使用手机查看昨天看过的财务报表；
- ◇ 占用大量网络带宽的 Web 应用，可以使用应用程序缓存，只在有内容发生更新时才从服务器重新获取资源，降低服务器的负载压力。

在 Web 应用中使用缓存的原因之一是支持离线应用，因为越来越多的应用移植到 Web 上，系统倾向于认为用户拥有 24 小时不间断的网络连接，但事实上，网络连接中断时有发生，间断性的网络连接一直是网络计算系统的致命问题。

普通应用程序或者说相当一部分桌面应用程序存储了完整的应用资源，如果不依赖与远程主机的通信，那么它完全可以正常运行，反之，它得不到相关的应用资源的支持和更新，用户也就无法正常使用应用程序；而 Web 应用程序可以保证及时更新，因为用户每次使用，应用程序都会从远程服务器更新加载相关资源，但在网络中断的情况下，普通的网络应用会因为缺少应用资源而不能使用。

HTML5 的缓存控制机制综合了 Web 应用和桌面应用的优势，基于 Web 技术构建的离线 Web 应用程序，可在浏览器中运行并在线更新，也可在脱机情况下使用。

HTML5 应用程序缓存机制是通过创建 Web 应用的离线版本来使用离线 Web 应用的，使用者可以主动告诉浏览器应该从网站服务器中获取或缓存哪些文件，并且在网络离线状态下依然能够访问这个网站；而普通的 Web 应用，则必须满足一个前提，那就是网络必须保持连接，如果网络没有连接，即使浏览器启用了对一个站点的缓存，依然无法打开这个站点，只会收到一条错误信息。

8.2 应用程序缓存和浏览器缓存的区别

使用应用程序缓存，避免了加载应用程序时所需的常规网络请求，如果缓存请求(cache manifest)文件是最新的，浏览器就无需检查其他资源是否最新。大部分应用可以非常迅速地从本地应用缓存中加载完成，从缓存中加载资源还可以节省带宽。开发人员可以直接控制应用程序缓存，利用缓存清单文件可将相关资源组织到同一个逻辑应用中。缓存清单文件中标识的资源构成了应用缓存(application cache)，它是浏览器持久性存储资源的地方，通常在硬盘上。

浏览器缓存在用户触发"后退"操作或单击一个之前看过的链接时起作用。另外如果在网站上访问同一张图片，该图片可以从浏览器缓存中调出并显现出来。

下面的几点可以说明应用程序缓存和浏览器缓存的区别：
- HTML5 应用程序缓存为整个 Web 应用提供服务，浏览器缓存只缓存单个页面；
- HTML5 应用程序缓存可以指定需要缓存的文件和只能在线浏览的文件，浏览器缓存无法指定；
- HTML5 应用程序缓存可以动态通知用户进行更新。

8.3 浏览器支持情况

应用程序缓存实现的关键部分是需要缓存清单文件，有些浏览器提供了查看应用程序缓存的方法。例如，在最新版本的 FireFox 中，提供了查看缓存中每个文件的方法，在地址栏中输入 about:cache，页面会显示应用程序的缓存信息。目前的浏览器大部分已经支持 HTML5 的应用程序缓存，因为浏览器的支持情况不同，所以使用之前应该先测试浏览器的支持情况，检测方法如下：

```
if(window.applicationCache){//浏览器支持的离线应用
}
else{//浏览器不支持的离线应用
}
```

各浏览器的支持情况如表 8-1 所示。

表 8-1 浏览器支持情况

浏览器	说　　明
IE	不支持
Firefox	3.5 及以上版本支持
Opera	10.6 及以上版本支持
Chrome	4.0 及以上版本支持
Safari	4.0 及以上版本支持
iPhone	2.0 及以上版本支持
Android	2.0 及以上版本支持

8.4 如何实现应用程序缓存

前面的介绍使读者已经具备了搭建离线缓存程序的基本知识，下面按照步骤搭建一个离线缓存程序。

8.4.1 搭建离线缓存应用程序

【示例 8.1】构建一个简单的 HTML 页面并使之具备离线缓存功能。

程序的设计步骤如下：
(1) 编写构成界面的 HTML 和 CSS。
(2) 构建 manifest 清单。
(3) 检查浏览器支持情况。
(4) 检查在线状态或支持离线行为。

1. 创建 HTML5 缓存页面

新建 HTML5 页面 index.html，代码如下：

```html
<!doctype html>
<html>
<head>
<meta charset="utf-8">
<title>应用程序缓存</title>
<style>
    header div{
        margin:0 auto;
        width:1000px;
        height:150px;
    }
    article{
        width:1000px;
        margin:0 auto;
    }
    article p{
        font-family:楷体;
        text-indent:2em;
    }
</style>
</head>
<body>
    <header>
    <div>
        <img src="images/banner1.png" width="1000">
    </div>
    </header>
    <article>
    <h1>HTML5发展历程</h1>
    <p>
HTML5草案的前身名为 Web Applications 1.0，于2004年被WHATWG提出，于2007年被W3C接纳，并成立了新的 HTML 工作团队。
```

HTML 5 的第一份正式草案已于2008年1月22日公布。HTML5
仍处于完善之中。然而，大部分现代浏览器已经具备了某些 HTML5 支持。</p>
<p>
2012 年 12 月 17 日，万维网联盟(W3C)正式宣布凝结了大量网络工作者心血的 HTML5 规范已经正式定稿。根据 W3C 的发言稿称："HTML5 是开放的 Web 网络平台的奠基石。"
2013 年 5 月 6 日，HTML 5.1 正式草案公布。该规范定义了第五次重大版本，第一次要修订万维网的核心语言：超文本标记语言(HTML)。在这个版本中，新功能不断推出，以帮助 Web 应用程序的作者，努力提高新元素互操作性。</p>
<p>
本次草案的发布，从2012年12月27日至今，进行了多达近百项的修改，包括HTML和XHTML的标签，相关的API、Canvas等，同时HTML5的图像img标签及svg也进行了改进，性能得到进一步提升。
支持Html5的浏览器包括Firefox(火狐浏览器)，IE9及其更高版本，Chrome(谷歌浏览器)，Safari，Opera等；国内的遨游浏览器(Maxthon)，以及基于IE或Chromium(Chrome的工程版或称实验版)所推出的360浏览器、搜狗浏览器、QQ浏览器、猎豹浏览器等国产浏览器同样具备支持HTML5的能力。</p>
</article>
</body>
</html>

发布到 Tomcat 服务器，运行结果如图 8-1 所示。

图 8-1　未进行缓存的首页

关闭 Tomcat 服务器，浏览该页面时显示"无法显示此网页"，如图 8-2 所示。

图 8-2　无法显示网页

2. 构建 manifest 清单文件

离线应用包含一个 manifest 清单文件,它列出了离线访问应用时所需缓存的文件清单。

新建一个以 manifest 为扩展名的文件,命名为 offline.manifest,在该文件中编写代码如下:

```
CACHE MANIFEST
#version 1.0

#指明缓存入口
CACHE:
index.html
images/banner1.jpg

#以下资源必须在线访问
NETWORK:

#如果index.html无法访问则用404.html代替
FALLBACK:
/index.html /404.html
```

offline.manifest 文件是简单的文本文件,它告知浏览器被缓存的内容(以及不缓存的内容)。manifest 文件可分为四个部分:

- ◇ #version 1.0:缓存文件版本号;
- ◇ CACHE:在此标题下列出的文件将在首次下载后进行缓存;
- ◇ NETWORK:在此标题下列出的文件需要与服务器连接,且不会被缓存;
- ◇ FALLBACK:在此标题下列出的文件规定当页面无法访问时的回退页面(比如 404 页面)。

下面进行详细讲解。

(1) CACHE。

CACHE 是默认部分。系统会在首次下载此标题下列出的文件(或紧跟在 CACHE MANIFEST 后的文件)后缓存这些文件。

```
CACHE MANIFEST
#version 1.0
#指明缓存入口
CACHE:
index.html
images/banner1.jpg
```

上面的 manifest 文件列出了两个资源:一个 index.html 文件,一个 jpg 图像。当 manifest 文件加载后,浏览器会从网站的根目录下载这两个文件。无论用户何时与因特网断开连接,这些资源依然是可用的。

(2) NETWORK。

此部分下列出的文件是需要连接到服务器的白名单资源。无论用户是否处于离线状态，对这些资源的所有请求都会绕过缓存。

NETWORK:
可以使用星号来指示所有其他资源/文件都需要网络连接。

NETWORK:
*

(3) FALLBACK。

此部分是可选的，用于指定无法访问资源时的后备网页。其中第一个 URI 代表资源，第二个代表后备网页。两个 URI 必须相关，并且必须与清单文件同源。可使用通配符。

FALLBACK:
/index.html /404.html

 这些部分可按任意顺序排列，且每个部分均可在同一清单中重复出现。系统会自动缓存引用清单文件的 HTML 文件，因此无需将其添加到清单中。

编写完 manifest 文件后，打开 index.html 文件进行引用，代码如下：

`<html manifest="offline.manifest">`

3．增加 mime-type

清单文件对应的 mime-type 是 text/cache-manifest，所以需要配置服务器来发送对应的 MIME 类型信息。

例如，要在 Apache 中提供此 MIME 类型，可直接在 web.xml 中指定 MIME 类型。

```
<mime-mapping>
        <extension>manifest</extension>
        <mime-type>text/cache-manifest</mime-type>
</mime-mapping>
```

4．检查浏览器是否支持

修改 index.html 文件，代码如下：

```
<script>
    if(window.applicationCache){
    }
    else{
        alert("该浏览器不支持HTML5离线应用缓存！");
    }
</script>
```

5．运行离线应用

重新发布网页到 Tomcat 服务器，第一次运行程序后，浏览器会对网站进行离线缓存，停止 Tomcat 服务器后在浏览器中打开页面，仍然可以正常显示，如图 8-3 所示。

图 8-3 离线缓存页面

8.4.2 更新缓存

实现应用程序缓存的 Web 应用，一旦文件被缓存，即使修改了服务器上的文件，浏览器也会继续展示已缓存的版本。为了确保浏览器更新缓存，需要更新 manifest 文件。

如何更新 html5 离线缓存？下面的三种方法可以做到：

◆ 清除离线存储的数据。如果只是清理浏览器历史记录，则不一定能清除数据，因为不同浏览器管理离线存储的方式不同。比如 Firefox 的离线存储数据要到"选项"→"高级"→"网络"→"脱机存储"里才可以清除。

◆ manifest 文件被修改。修改了 manifest 文件里所罗列的文件也不会更新缓存，而是要替换 manifest 文件。

◆ 使用 JavaScript 编写更新程序。

下面重点讲解使用 JavaScript 脚本控制缓存更新。ApplicationCache API 是一个操作应用缓存的接口，其相应的对象包含一系列与缓存相关的属性及事件。其中 window.applicationCache.status 代表了缓存的状态，主要有 6 种，如表 8-2 所示。

表 8-2 缓 存 状 态

Status 值	说　　明
0	UNCACHED(未缓存)
1	IDLE(空闲)
2	CHECKING(检查中)
3	DOWNLOADING(下载中)
4	UPDATEREADY(更新就绪)
5	OBSOLETE(过期)

要以编程方式更新缓存，需先调用 applicationCache.update()。此操作将尝试更新用户的缓存(前提是已更改清单文件)。最后，当 applicationCache.status 处于 UPDATEREADY

状态时，调用 applicationCache.swapCache() 即可将原缓存换成新缓存。
```
var appCache = window.applicationCache;
appCache.update();
if (appCache.status == window.applicationCache.UPDATEREADY) {
    appCache.swapCache();
}
```
以这种方式使用 update()和 swapCache()不会向用户提供更新的资源。此方式只是让浏览器检查是否有新的清单，下载指定的更新内容以及重新填充应用缓存。因此，还需要对网页进行两次重新加载才能向用户提供新的内容，其中第一次是获得新的应用缓存，第二次是刷新网页内容。要更新到最新版网站，可设置监听器，以监听网页加载时的 updateready 事件。

【示例8.2】添加监听事件更新缓存。

(1) 打开 index.html 文件并修改代码如下：

```html
<!doctype html>
<html manifest="offline.manifest">
<head>
<meta charset="utf-8">
<title>应用程序缓存</title>
<style>
        header div{
                margin:0 auto;
                width:1000px;
                height:150px;
        }
        article{
                width:1000px;
                margin:0 auto;
        }
        article p{
                font-family:楷体;
                text-indent:2em;
        }
</style>
<script>
        if(window.applicationCache){
        }
        else{
                alert("该浏览器不支持HTML5离线应用缓存！");
        }
        //注册页面加载事件
```

```
window.addEventListener("load",function(){
    //注册缓存更新就绪事件
    window.applicationCache.addEventListener("updateready",function(){
            if(window.applicationCache.status ==
            window.applicationCache.UPDATEREADY){
                    //更新到最新的缓存，但不会加载修改后的内容
                    window.applicationCache.swapCache();
                    if(confirm('有新的网页版本，是否更新？')){
                            //重新加载页面，重新缓存
                            window.location.reload();
                    }
            }
    },false);
},false);
</script>
</head>
<body>
    <header>
        <div>
            <img src="images/banner1.png" width="1000">
        </div>
    </header>
        <article>
        <h1>HTML5发展历程</h1>
        <p>
```

HTML5草案的前身名为 Web Applications 1.0，于2004年被WHATWG提出，于2007年被W3C接纳，并成立了新的 HTML 工作团队。
HTML 5 的第一份正式草案已于2008年1月22日公布。HTML5
仍处于完善之中。然而，大部分现代浏览器已经具备了某些 HTML5 支持。</p>
<p>
2012年12月17日，万维网联盟(W3C)正式宣布凝结了大量网络工作者心血的HTML5规范已经正式定稿。根据W3C的发言稿称："HTML5是开放的Web网络平台的奠基石。"
2013年5月6日， HTML
5.1正式草案公布。该规范定义了第五次重大版本，第一次要修订万维网的核心语言：超文本标记语言(HTML)。在这个版本中，新功能不断推出，以帮助Web应用程序的作者，努力提高新元素互操作性。</p>
<p>
本次草案的发布，从2012年12月27日至今，进行了多达近百项的修改，包括HTML和XHTML的标签，相关的API、Canvas等，同时HTML5的图像img标签及svg也进行了改进，性能得到进一步提升。
支持Html5的浏览器包括Firefox(火狐浏览器)，IE9及其更高版本，Chrome(谷歌浏览器)，Safari，Opera等；国内的遨游浏览器(Maxthon)，以及基于IE或Chromium(Chrome的工程版或称实验版)所推出的360浏览器、搜狗浏览器、QQ浏览器、猎豹浏览器等国产浏览器同样具备支持HTML5的能力。</p>

```html
<p>HTML5手机应用的最大优势就是可以在网页上直接调试和修改。原先应用的开发人员可能需要花费非常大的力气才能达到HTML5的效果，不断地重复编码、调试和运行，这是首先得解决的一个问题。因此也有许多手机杂志客户端是基于HTML5标准，开发人员可以轻松调试修改。</p>
    </article>
</body>
</html>
```

上述代码首先添加了 JavaScript 代码，在页面加载事件里注册了更新就绪事件，即 updateready 事件，当缓存状态准备就绪时，调用 window.applicationCache.swapCache()函数更新缓存到最新，但此时页面并没有刷新。通过 JavaScript 弹出确认框询问是否重新加载缓存，选择是则页面重新加载，显示更新后的内容。

(2) 修改 manifest 文件版本号。

打开 offline.manifest，修改版本号为 1.1，修改代码如下：

```
CACHE MANIFEST
#version 1.1
#指明缓存入口
CACHE:
index.html
images/banner1.png
offline.manifest
#以下资源必须在线访问
NETWORK:
#如果index.html无法访问则用404.html代替
FALLBACK:
index.html 404.html
```

运行程序结果如图 8-4 所示。

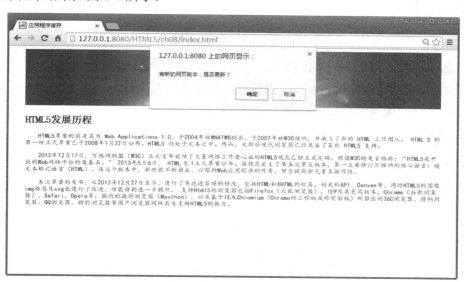

图 8-4　提示是否更新页面

单击"确定"按钮，此时浏览器加载了最新的页面并且进行缓存，运行结果如图 8-5 所示。

图 8-5　更新后的页面

本 章 小 结

通过本章的学习，读者应该了解：
- 离线应用缓存的应用场景。
- 应用程序缓存的三大核心功能。
- 实现 HTML5 离线应用缓存的思路。

本 章 练 习

1. 如何进行离线缓存的更新？
2. HTML5 应用程序缓存和浏览器缓存有什么区别？
3. 应用程序缓存的三大核心功能是什么？

第 9 章　HTML5 多线程处理

本章目标

- 了解 HTML5 多线程的概念
- 掌握主页 Worker 和监听器的创建方法
- 掌握 Worker 内部监听器的添加方法
- 掌握多线程通信的处理方式

9.1 HTML5 多线程概述

浏览器以良好的表现形式展示数据,但在使用浏览器的同时也会碰到许多问题,比如浏览器启动缓慢、延迟、崩溃等,这在用户体验上带来了不好的一面。HTML5 规范在一些表现不尽如人意的方面做了改善。

通常来说,浏览器处理事情的机制是顺序执行的,在某个时刻只能做一件事情。处理一个工作任务必须在浏览器中进行,处理完毕后才能进行下一个,这无疑使用的都是浏览器本身的 CPU、堆栈、内存等资源,浏览器的任务相当繁重。而 HTML5 多线程定义了一组 API,它允许 Web 应用程序生成一个和主页面并行运行的线程,又称为 Web Workers。简单说,Web Workers 是一种机制,它将 JavaScript 程序放到后台运行,同时又不占用浏览器的线程资源,而是使用客户端操作系统的线程资源实现多线程的机制。Web Workers 在后台运行,与页面的交互以消息传递作为协调机制,同时又不依赖于任何的用户界面脚本,这就允许 Web Workers 可作为长时间运行的脚本,通过响应点击或其他用户交互的脚本而不会中断,同时也可以作为一项长期任务一直保持页面响应。通常来讲,Web Workers 用来处理长期的、高启动成本的和每个实例占用高内存开销的任务。

网页中的 JavaScript 程序代码从用途看可以分为两部分:一部分用于响应用户单击或者其他的交互操作,另一部分用于执行复杂的数据运算。后者与前者分离开并放到后台运行,以此来提高页面性能。

HTML5 Web Workers 可以让 Web 应用程序具备后台处理能力。它对多线程的支持性较好,因此使用了 HTML5 的 JavaScript 应用程序可以充分利用多核 CPU 带来的优势,将耗时长的任务分配给 HTML5 Web Workers 执行。有一点需要注意,尽管 Web Workers 功能强大,但也不是万能的,有些事情它还做不到,例如,在 Web Workers 中执行的脚本不能访问该页面的 Window 对象(Window.document)。换句话说,Web Workers 不能直接访问 Web 页面和 DOM API。虽然 Web Workers 不会导致浏览器 UI 停止响应,但是在某些情况下它跟普通的线程一样仍然会剧烈消耗 CPU 周期,导致系统反应缓慢。

9.2 使用 Web Workers

Web Workers 初始化时会接收一个 JavaScript 文件的 URL 地址,URL 可以是相对或者绝对路径,只要是同源即可。同源策略是由 Netscape 提出的一个著名的安全策略,同源是指域名、协议、端口相同。Web Workers 一旦生成,就可以使用 postMessage API 进行传送和接收数据。

其处理流程如下:首先主页建立监听器并发送消息给 Web Workers,Web Workers 接收到消息后进行处理并发送消息给主页监听器,主页监听器接收到消息进行处理。这个过程可以反复进行。

9.2.1 建立主页 Worker 和监听器

为实现页面到 Web Workers 的通信，可以调用 postMessage 函数以传入所需数据；同时将建立一个监听器，用来监听由 Web Workers 发送到页面上的消息和错误信息。主页面代码如下：

```
//1、建立 Web Workers
worker=new Worker("./js/echoWorker.js");
//2、传递消息,postMessage
console.log("页面发送消息……");
worker.postMessage("1");
//3、建立监听器和事件处理函数
worker.addEventListener("message",messageHandler,true);
function messageHandler(e){
    console.log("页面处理Worker发来的消息");
    console.log(e.data);
}
```

9.2.2 添加 Worker 中的监听器和 JavaScript 脚本

在 Web Workers 的 JavaScript 脚本中，需要添加消息监听器，并在事件处理之后和主页进行通信。echoWorker.js 中的主要代码如下：

```
onmessage=function(oEvent){
    console.log("JavaScript脚本接收到消息");
    postMessage(new Date());
}
```

也可以使用 addEventListener()方法，能够达到同样的目的：

```
function messageHandler(e){
    console.log("JavaScript脚本接收到消息");
    postMessage(new Date());
}
addEventListener("message",messageHandler,true);
```

9.2.3 多线程通信的示例演示

【示例 9.1】使用多线程发送当前时间并打印。
(1) 新建 HTML5 文件 index.html 并编写代码如下：

```
<!DOCTYPE HTML>
<html>
<head>
```

```html
        <meta http-equiv="Content-Type" content="text/html; charset=utf-8">
        <title>多线程通信</title>
        <script src="js/jquery-1.11.1.js"></script>
</head>
<body>
    <p>多线程通信 <output id="result"> </output></p>
    <p id="support"></p>
    <button id="stopButton">停止任务</button>
    <button id="postButton">发送消息</button>
    <script>
        function messageHandler(e){
            var dt = e.data;
            var time = "当前时间：" + dt.getHours()+":"+dt.getMinutes()+":"+
                dt.getSeconds();
            $("#showMessage").append("<br/>完成接收信息，"+time);
        }
        function stopWorker() {
            worker.terminate();
        }
        function postMessagetoWorkers(){
            $("#showMessage").append("<br/>开始发送消息......");
            worker.postMessage("1");
        }
        function errorHandler(e){
            document.getElementById("showMessage").innerHTML = e.message;
        }
        function loadDemo(){
            if(typeof(Worker)!=="undefined"){
                document.getElementById("support").innerHTML=
                    "提示：您的浏览器支持多线程。";
                worker=new Worker("js/echoWorker.js");
                worker.addEventListener("message",messageHandler,true);
                worker.addEventListener("error",errorHandler,true);
            };
    document.getElementById("postButton").onclick=postMessagetoWorkers;
    document.getElementById("stopButton").onclick=stopWorker;
        }
        window.addEventListener("load",loadDemo,true);
</script>
<div id="showMessage"></div>
```

```
</body>
</html>
```

上述代码首先注册了页面加载事件,如果浏览器支持多线程,则进行提示。然后注册了接收消息事件、消息接收失败事件,单击"发送消息"按钮则发送消息给后台 JavaScript 文件进行处理,运行结果如图 9-1 所示。

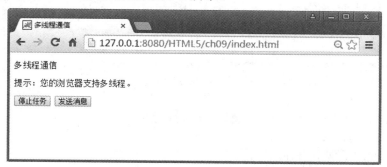

图 9-1　多线程通信界面

(2) 新建文件夹命名为"js"并在 js 文件夹中创建 JavaScript 文件 echoWorker.js,编写代码如下:

```
function messageHandler(e){
    console.log("JavaScript 接收到消息");
    postMessage(new Date());
}
addEventListener("message",messageHandler,true);
//这种写法也可以
//onmessage=function(oEvent){
//    console.log("JavaScript 接收到消息");
//    postMessage(new Date());
//}
```

上述代码注册了消息接收事件,当接收到主页发送过来的消息后创建当前时间对象并回传给主页,实现多线程运行。运行结果如图 9-2 所示。

图 9-2　多线程通信结果

刷新页面,单击"停止任务"按钮,然后单击"发送消息"按钮,结果如图 9-3 所示,Web Workers 停止回送消息给页面。

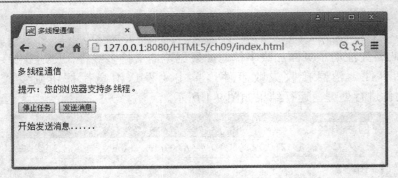

图 9-3 Web Workers 停止工作

本 章 小 结

本章主要介绍了如下内容：
- ◇ 多线程概述。
- ◇ 建立主页 Worker 和监听器。
- ◇ 添加 Worker 内部监听器及 JavaScript 脚本。

本 章 练 习

1. Web Workers 主要用于哪几种类型的任务处理？（   ）
   A. 后台计算   B. 后台 I/O   C. 后台聊天   D. 后台备份
2. Web Workers 使用哪个对象实现内部通信？（   ）
   A. message   B. messagePort
   C. message.port   D. messageCommuniction
3. 在主页中向 Worker 传递数据，应该首先做什么？（   ）
   A. 添加监听器   B. 主页中 postMessage
   C. Worker 内部添加监听器   D. Worker 内部 postMessage
4. 简述建立专有 Worker 的过程。

第 10 章　HTML5 手机应用开发

本章目标

- 掌握 viewport 属性的使用
- 掌握图片自适应屏幕方法
- 掌握 Geolocation 对象定位的方法
- 了解百度地图 API 及其定位

10.1 移动设备页面匹配

移动端与传统的 PC 端 Web 开发最大区别之一就是屏幕的适配问题。目前市面上的手机屏幕大小不一，为了能够获得更好的用户体验，在开发移动 Web 应用时，需要花费更多时间来处理手机页面的适配问题。

1. 添加 viewport 属性

向页面添加"viewport"属性，代码格式如下：

```
<meta name="viewport"
    content="
        width = [pixel_value | device-width ] ,
        height = [pixel_value | device-height] ,
        initial-scale = float_value ,
        minimum-scale = float_value ,
        maximum-scale = float_value ,
        user-scalable = [yes | no]
/>
```

content 的参数含义如下：

- width：页面宽度，可以指定为一个具体的值或者特殊的值，device-width 表示与设备屏幕同宽；
- height：同 width，表示页面高度，通常不对其进行设置；
- initial-scale：页面初始缩放比例，取值范围为 0.01~10；
- minimum-scale：页面最小缩放比例，取值范围为 0.01~10；
- maximum-scale：页面最大缩放比例，取值范围为 0.01~10；
- user-scalable：是否允许用户进行缩放，其值如果为 no，则 minimum-scale 和 maximum-scale 都将无效。

【示例 10.1】添加 viewport 属性，使页面自动匹配屏幕。

新建"sl1.html"文件，代码如下：

```
<!doctype html>
<html>
    <head>
        <meta charset="utf-8">
        <meta name="viewport" content="width=device-width,
            initial-scale=1, user-scalable=no">
        <title>viewport 属性演示</title>
    </head>
    <body style="margin:0px; background-color:#ededed">
        <h2>
            离离原上草，一岁一枯荣。野火烧不尽，春风吹又生。
```

远芳侵古道，晴翠接荒城。又送王孙去，萋萋满别情。</h2>
　　　　</body>
</html>

　　上述代码中，添加 viewport 属性的主要目的是使 Web 页面自动匹配手机屏幕，通常设置 Web 页面的宽度匹配屏幕宽度，没有添加此属性的页面，浏览器通常会将页面缩放至显示所有内容或者需要通过手势滑动来显示其他内容，这样直接影响了用户体验效果。如图 10-1 所示为添加 viewport 属性前后的页面在 Safari 浏览器(iOS 系统)中的显示效果。

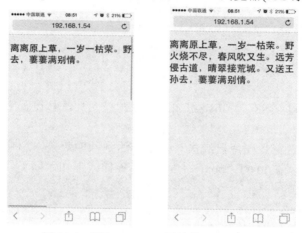

图 10-1　添加 viewport 属性前后显示效果

2．对背景图片的处理

　　Web 页面中添加的背景图片默认以平铺的方式显示，因手机屏幕大小不一，会直接影响页面显示效果，为了能够更直接地观察到效果，需要特殊处理。

　　【示例 10.2】将如图 10-2 所示的图片"top_bg.png"当做背景显示。

图 10-2　背景图片

　　新建"sl2.html"文件，代码如下：

```
<!doctype html>
<html>
    <head>
        <meta charset="utf-8">
        <meta name="viewport" content="width=device-width,initial-scale=1, user-scalable=no">
        <title>背景图片的处理</title>
        <style type="text/css">
            #box {
                background-image: url('top_bg.png');
                color: #FFF;
```

```
                    height: 3em;
                    line-height: 3em;
                    text-align: center;
                    font-weight: bold;
                    font-size: 20px;
                }
        </style>
    </head>
    <body style="margin:0px; background-color:#ededed">
        <div id="box">HTML5 移动开发</div>
    </body>
</html>
```

上述代码中，通过 CSS 为<div>添加了一张背景图片，并设置字体格式，运行效果如图 10-3 所示。

可以很明显地发现背景图片已经失真，没有达到预期效果，影响用户体验。为了避免这种情况的发生，可以在 id 为"box"的<div>标签样式中加入如下代码：

```
-moz-background-size: 100% 100%;
background-size: 100% 100%;
```

重新运行后，效果如图 10-4 所示。

图 10-3 插入背景图片效果　　　　　图 10-4 处理后的背景图片效果

3．对<img>的处理

在 Web 页面中插入图片时，如果此图片的宽度大于手机屏幕的宽度，即便是设置了 viewport 属性，图片也不会自动缩放，此时，只能通过手势滑动的方式查看被遮挡的部分，这也会影响用户体验。

【示例 10.3】将如图 10-5 所示的图片"mg.png"添加到页面显示。

图 10-5 示例图片

新建"sl3.html"文件,代码如下:

```
<!doctype html>
<html>
    <head>
        <meta charset="utf-8">
        <meta name="viewport" content="width=device-width,initial-scale=1, user-scalable=no">
        <title><img>的处理</title>
    </head>
    <body style="margin:0px; background-color:#ededed">
        <img src="mg.png" />
    </body>
</html>
```

上述代码中,在页面上添加了一张图片,运行效果如图 10-6 所示。

图 10-6　未处理的效果

可见,虽然设置了 viewport 属性,但是图片并没有自动缩放,而是需要通过手势滑动的方式才能查看完整图片。为了改善这种体验效果,可以通过 CCS 样式来对图片加以处理,CSS 代码如下:

```
<style type="text/css">
    img {
        max-width: 100%;
        height: auto;
        width: auto;
        margin-top: 10px
    }
</style>
```

加入此段 CSS 代码后，运行效果如图 10-7 所示。

图 10-7　处理后的效果

10.2　定位用户的位置

HTML5 中，使用 Geolocation API 来获取用户的地理位置信息。由于获取地理位置信息会涉及用户隐私，通常浏览器会首先向用户提出请求，只有在用户接受请求后，才能正常获取信息。

获取地理位置的主要方法有 IP 地址、基站、卫星定位等。

10.2.1　Geolocation 对象

Geolocation 对象是在 navigator 对象中定义的，可以直接通过 navigator.geolocation 获取。Geolocation 对象比较简单，只有 3 个方法，如表 10-1 所示。

表 10-1　Geolocation 对象的方法

方法名	方　法　描　述
getCorrentPosition()	获取用户位置信息
watchPosition()	不断获取用户移动时的位置信息
clearWatch()	停止 watchPosition()

1. getCurrentPosition()

getCurrentPosition()方法的使用代码如下：

navigator.geolocation.getCurrentPosition(successCallback,[errorCallback],[positionOptions])

该方法有三个参数：

◇ successCallback：获取地理信息请求得到用户允许后的回调方法。此回调方法带有一个对象参数，此对象表示获取到的用户位置信息，包含两个属性：coords(坐标信息)和 timestamp(时间戳)。coords 属性包含 7 个值，如表 10-2 所示。

表 10-2　coords 属性包含的 7 个值

值名称	描　　述
accuracy	精确度
latitude	纬度
longitude	经度
altitude	海拔
altitudeAcuracy	海拔精确度
heading	朝向
speed	速度

- errorCallback(可选项)：获取地理信息失败的回调方法。此回调方法也带有一个对象参数，此对象表示返回的错误信息，包含两个属性 message(错误信息)和 code(错误代码)。code 属性包含 4 个值，如表 10-3 所示。

表 10-3　code 属性包含的 4 个值

值名称	描　　述
PERMISSION_DENIED	用户拒绝获取位置信息的请求
POSITION_UNAVALIABLE	网络不可用或找不到卫星
TIMEOUT	获取超时，只有在 positionOptions 中设置了 timeout 值，才可能出现此错误信息
UNKNOW_ERROR	未知错误，可以在 message 中查看错误信息

- positionOptions(可选项)：定义 geolocation 选项，数据使用 JSON 格式表示，可对三个属性进行设置，均为可选项，如表 10-4 所示。

表 10-4　positionOptions 的三个属性

属性名称	描　　述
enableHighAcuracy	布尔值，是否启用高精度模式，true 为启用，可能会消耗更多的时间
maximumAge	整数，重新获取位置信息的时间间隔
timeout	整数，设置超时，如果超时会触发 errorCallback

【示例 10.4】获取用户位置信息。

新建"sl4.html"文件，代码如下：

```
<!DOCTYPE html>
<html lang="zh-cn">
    <head>
        <meta name="viewport" content="initial-scale=1.0,
            user-scalable=no" />
```

```html
<meta http-equiv="Content-Type" content="text/html;
        charset=utf-8" />
<title>获取用户位置信息</title>
<style type="text/css">
    * {
            height: 100%;//设置高度，不然会显示不出来
    }
</style>
<script src=
        "http://code.jquery.com/jquery-1.11.0.min.js"></script>
<script type="text/javascript">
    var positionOptions = {
            enableHighAccuracy: true,
            maximunAge: 2000,
            timeout: 3000
    };
    $(function() {
            getLocation();
    });
    function getLocation() {
            if (navigator.geolocation) {
                    navigator.geolocation.getCurrentPosition(
                            successCallback, errorCallback,
                                    positionOptions);
            } else {
                    alert("该浏览器不支持定位!");
            }
    }
    function successCallback(position) {
            var lat = "纬度：" + position.coords.latitude + "\r\n";
            var lon = "经度：" + position.coords.longitude
                            + "\r\n";
            //海拔
            var accuracy = "海拔：" + position.coords.accuracy
                            + " 米\r\n";
            var altitudeAccuracy = "";
            var heading = "";
            var speed = "";
            if (position.coords.latitude) {
                    altitudeAccuracy = " 海拔精确度 :"
```

```
                              + position.coords.altitudeAccuracy
                                   + " 米\r\n";
                    }
                    if (position.coords.heading) {
                         heading = "朝向 :" + position.coords.heading
                                   + " \r\n";
                    }
                    if (position.coords.speed) {
                         speed = "速度 :" + position.coords.speed
                                   + " m/s\r\n";
                    }
                    var time = "时间戳: " + position.timestamp;
                    var str = lat + lon + accuracy + altitudeAccuracy
                              + heading + speed + time;
                    alert(str);
               }
               function errorCallback(error) {
                    switch (error.code) {
                         case error.PERMISSION_DENIED:
                              alert("获取位置信息被拒绝");
                              break;
                         case error.POSITION_UNAVAILABLE:
                              alert("网络不可用或找不到卫星");
                              break;
                         case error.TIMEOUT:
                              alert("获取位置信息超时");
                              break;
                         case error.UNKNOW_ERROR:
                              alert("未知错误: " + error.message);
                              break;
                    }
               }
          </script>
     </head>
     <body>
          <div id="map"></div>
     </body>
</html>
```

在获取位置信息之前，为了提高用户体验，需要通过 if (navigator.geolocation)判断浏览器是否支持 Geolocation API，如果为 false，给予用户提示；getCurrentPosition()方法中的参数是可选的,可以只声明 successCallback 成功获取位置信息回调方法。上述代码运行结果如图 10-8 所示。允许浏览器获取定位权限后才能进行定位操作。

图 10-8　获取用户位置信息

2. watchPosition()

此方法是异步的,当检测到设备的位置发生改变时,会返回设备的当前位置信息。其参数与 getCurrentPosition()方法的参数相同。不同的是,该方法会返回一个值(watchId),这个值是位置监听对象的引用,通过 clearWatch()传入该 watchId 即可停止对位置的监听,代码如下:

```
var watchId = navigator.geolocation.watchPosition(successCallback,
        [errorCallback], [positionOptions]);
```

3. clearWatch()

clearWatch()方法使用很简单,只需要将需要停止监听的"watchId"传入即可,代码如下:

```
navigator.geolocation.clearWatch(watchId)
```

10.2.2　使用百度地图定位

百度地图 JavaScript API 是一套由 JavaScript 语言编写的应用程序接口,可帮助开发者在网站中构建功能丰富、交互性强的地图应用,支持 PC 端和移动端基于浏览器的地图应用开发,且支持 HTML5 特性的地图开发。百度地图分为极速版与大众版,极速版专门针对简单功能的移动端浏览器开发,但目前不包含定位功能,因此本节将使用大众版进行示例演示。

【示例 10.5】使用百度地图 API 实现定位功能。

在使用百度地图 API 之前,必须申请一个开发者账号和密钥。账号的申请不再赘述,申请密钥的方法如下:

(1) 登录百度地图开发者中心(http://developer.baidu.com/map/index.php),单击右上角的"API 控制台"链接,进入"API 控制台",首次进入需要同意"LBS.云服务协议",单击"我同意"按钮,进入主控制台。

(2) 单击"创建应用"按钮,显示界面如图10-9所示。

图 10-9　创建百度地图应用

分别对应用名称、应用类型、启用服务、Refer 白名单进行设置。设置完毕后,单击"提交"按钮,返回应用列表。

在"应用列表"中显示目前申请的所有应用和对应的密钥(AK),如图10-10所示。

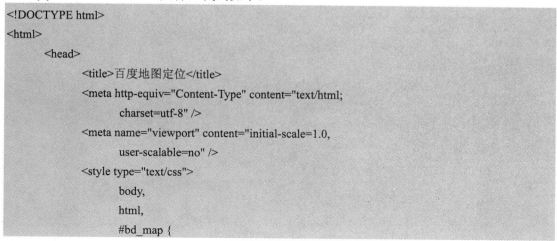

图 10-10　已创建的百度地图应用列表

(3) 新建"sl5.html"文件,代码如下:

```
<!DOCTYPE html>
<html>
    <head>
        <title>百度地图定位</title>
        <meta http-equiv="Content-Type" content="text/html;
            charset=utf-8" />
        <meta name="viewport" content="initial-scale=1.0,
            user-scalable=no" />
        <style type="text/css">
            body,
            html,
            #bd_map {
```

```
                    width: 100%;
                    height: 100%;
                    overflow: hidden;
                    margin: 0;
                    font-family: "微软雅黑";
                }
        </style>
        <script type="text/javascript"
 src="http://api.map.baidu.com/api?v=2.0&ak=2s6dOFzTMxxqS2aqtlReLshB">
        </script>
    </head>
    <body>
        <div id="bd_map"></div>
    </body>
</html>
```

上述代码中,通过以下代码加载百度地图 API JS 文件(其中"ak"就是刚刚申请的密钥,复制即可):

```
<script type="text/javascript"
 src="http://api.map.baidu.com/api?v=2.0&ak=2s6dOFzTMxxqS2aqtlReLshB">
</script>
```

(4) 添加 JavaScript 代码进行地图的显示与定位。

```
<script type="text/javascript">
    //创建百度地图的定位对象
    var geolocation = new BMap.Geolocation();
    geolocation.getCurrentPosition(function(r) {
        //检索成功
        if (this.getStatus() == BMAP_STATUS_SUCCESS) {
            //获取经纬度
            var lng = r.point.lng;
            var lat = r.point.lat;
            var gpsPoint = new BMap.Point(lng, lat);
            //地图初始化
            var bm = new BMap.Map("bd_map");
            //设置中心点与地图显示比例
            bm.centerAndZoom(gpsPoint, 15);
            //添加 marker 和 label
            var markergps = new BMap.Marker(gpsPoint);
            bm.addOverlay(markergps); //添加 GPS 标注
            var labelgps = new BMap.Label("当前位置", {
                offset: new BMap.Size(20, -10)
```

```
                });
                markergps.setLabel(labelgps); //添加 GPS 标注
        } else {
                alert('failed' + this.getStatus());
        }
    }, {
        //使用高精度
        enableHighAccuracy: true
    });
</script>
```

运行效果如图 10-11 所示。需要允许浏览器获取定位权限后才能进行定位操作。

图 10-11　定位演示

 百度地图 JavaScript API 还提供了许多实用功能，比如：2D/3D/卫星图的展示功能、各种工具(添加/删除鹰眼、比例尺、测距等)、覆盖物(添加/删除点、线、面、热区、行政区划、自定义等)、鼠标交互、本地搜索(POI)、公交、驾车、步行导航等，具体功能的使用请登录开发指南查询。

本 章 小 结

通过本章的学习，学生应该学会：
- 使用 viewport 属性对页面进行匹配。
- 将背景图和图片匹配屏幕大小，从而得到更好的用户体验。
- 使用 Geolocation 对象可以进行定位，但是在定位前，必须得到用户的授权。
- 百度地图 API 开发者账号的申请、应用的创建。
- 使用百度地图 API 进行定位，必须得到用户的授权。

本 章 练 习

1. 使用<meta>中的_____属性，可以控制网页自动匹配手机屏幕。
2. 可以通过_____获取 Geolocation 对象。
3. Geolocation 对象通过_____方法可以不断获取用户移动时的位置信息，并且可以通过_____方法停止获取位置信息。
4. 结合本章小结中的知识，编写如图 10-12 所示的网页，要求页面内容完全显示，不能出现左右滑屏的情况。

图 10-12　最终页面(分为上下两部分)

第11章 CSS3

本章目标

- 掌握新的选择器方式
- 掌握背景和边框效果
- 掌握文字阴影和样式设计
- 掌握多列页面布局
- 了解动画实现模式
- 了解自定义字体和倒影的实现方式

11.1 选择器

选择器是 CSS 中一个重要的内容,使用它可以大幅度提高开发人员的工作效率。CSS1 和 CSS2 中定义了大部分常用选择器,这些选择器能满足设计师的常规设计需求,但没有进行系统化,也没有形成独立的模块,不利于扩展。

CSS3 增加并完善了选择器的功能,使其成为一个独立的模块,提供了更加丰富多样的选择器。CSS3 提倡使用选择器将样式与元素绑定起来,这样在样式表中什么样式与什么元素相匹配变得一目了然,修改起来也方便。不仅如此,通过选择器还可以实现各种复杂的设计,同时也能大量减少样式表的代码量,最终写出来的样式表也会变得简洁明了。

CSS3 兼容 CSS1 和 CSS2 中已有的选择器,并且增加了新的选择器。本章主要针对新增的选择器进行讲解。

CSS3 中主要有下面几种选择器:
- 属性选择器。
- 结构伪类选择器。
- UI 伪类选择器。

11.1.1 属性选择器

CSS3 属性选择器主要包括以下几种:
- E[attr]:只使用属性名,但没有确定任何属性值。
- E[attr="value"]:指定了属性名及该属性的属性值。
- E[attr~="value"]:指定了属性名及属性值,attr 属性值是一个词列表,各词之间以空格隔开,词列表中的一个词等于 value。
- E[attr^="value"]:指定了属性名及属性值,属性值是以 value 开头的。
- E[attr$="value"]:指定了属性名及属性值,属性值是以 value 结束的。
- E[attr*="value"]:指定了属性名及属性值,属性值中包含了 value。
- E[attr|="value"]:指定了属性名,并且属性值是 value 或者以 "value-" 开头的值(比如说 zh-cn)。

为了更好地说明属性选择器的使用方法,制作一个 HTML 页面,如图 11-1 所示。

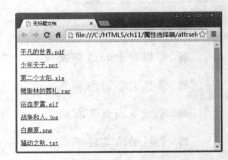

图 11-1 选择器示例 HTML 页面

该页面中采用<p>标签实现一个列表,代码如下:

```
<!doctype html>
<html>
<head>
```

```html
<meta http-equiv="Content-Type" content="text/html; charset=utf-8" />
<title>无标题文档</title>
</head>
<body>
    <p><a href="http://www.baidu.com/name.pdf">平凡的世界.pdf</a></p>
    <p><a href="http://www.baidu.com/name.ppt">少年天子.ppt</a></p>
    <p><a href="http://www.baidu.com/name.xls">第二个太阳.xls</a></p>
    <p><a href="http://www.baidu.com/name.rar">穆斯林的葬礼.rar</a></p>
    <p><a href="http://www.baidu.com/name.gif">浴血罗霄.gif</a></p>
    <p><a href="http://www.baidu.com/name.jpg">战争和人.jpg</a></p>
    <p><a href="http://www.baidu.com/name.png">白鹿原.png</a></p>
    <p><a href="http://www.baidu.com/name.txt">骚动之秋.txt</a></p>
</body>
</html>
```

【示例 11.1】在页面上所有超链接前增加图标。

编写代码添加样式，代码如下：

```css
<style type="text/css">
    p{
        margin:4px;
    }
    /*匹配所有有效超链接*/
    a[href^="http"]{
        background:url(images/window.gif) no-repeat left center;
        padding-left:18px;
    }
</style>
```

上述代码中，a[href^="http"]匹配所有以 http 开头的 href 属性所在的 a 标签，运行效果如图 11-2 所示。

图 11-2　链接增加背景图片

【示例 11.2】为内容是"PDF 文件"的 a 标签设置图标。
在样式表中可以添加样式，代码如下：

```
/*匹配PDF文件*/
a[href$="pdf"] {
    background: url(images/icon_pdf.gif) no-repeat left center;
    padding-left: 18px;
}
```

上述代码中，a[href$="pdf"]匹配所有以 pdf 结尾的 href 属性所在的 a 标签，因此找到的标签是：

`<a href="http://www.baidu.com/name.pdf">PDF 文件</a>`

运行结果如图 11-3 所示。

可以为其他 a 标签添加设置图标，尝试一下制作出如图 11-4 所示的效果。

图 11-3 修改 pdf 文档的背景图片　　　　　图 11-4 文档链接背景图效果

 IE 6 不支持属性选择器，其他浏览器基本都支持。如果想在 IE 6 浏览器的页面上实现效果的话，就要考虑使用其他方法。

11.1.2 结构伪类选择器

结构伪类选择器是 CSS3 中新设计的选择器，它利用文档结构树实现元素过滤，通过文档结构的相互关系来匹配特定的元素，从而减少文档内 class 属性和 ID 属性的定义，使得文档更加简洁。

结构伪类选择器是 CSS3 选择器的重点部分，目前已有的选择器有如下几种：

- ✧ E:first-child：选择位于其父元素中第一个位置且匹配 E 的子元素。
- ✧ E:last-child：选择位于其父元素中最后一个位置且匹配 E 的子元素。
- ✧ E:nth-child(n)：选择位于其父元素中第 n 个位置且匹配 E 的子元素。
- ✧ E:nth-last-child(n)：选择位于其父元素中倒数第 n 个位置且匹配 E 的子元素。
- ✧ E:nth-of-type(n)：选择位于其父元素中同类型第 n 个位置且匹配 E 的子元素。
- ✧ E:nth-last-of-type(n)：选择位于其父元素中同类型倒数第 n 个位置且匹配 E 的子元素。
- ✧ E:first-of-type：选择位于其父元素中第一个同类型的子元素且该子元素匹配 E。
- ✧ E:last-of-type：选择位于其父元素中最后一个同类型的子元素且该子元素匹配 E。

◆ E:only-child：选择其父元素只包含一个子元素的子元素且该子元素匹配 E。
◆ E:only-of-type：选择其父元素只包含一个同类型子元素的子元素且该子元素匹配 E。
◆ E:empty：选择匹配 E 的元素，且该元素不包含子节点。

下面通过示例来演示上述选择器的使用。

【示例 11.3】通过结构伪类选择器设计表格隔行换色。

新建 HTML 文件 structselect.html，代码如下：

```html
<!doctype html>
<html >
<head>
<meta http-equiv="Content-Type" content="text/html; charset=utf-8" />
<title>无标题文档</title>
<style type="text/css">
    h1{
        font-size:16px;
    }
    table{
        width:100%;
        font-size:12PX;
        table-layout:fixed;
        empty-cells:show;
        border-collapse:collapse;
        margin:0 auto;
        border:1px solid #cad9ea;
        color:#666;
    }
    th{
        height:30px;
        overflow:hidden;
    }
    td{
        height:20px;
    }
    td,th{
        border:1px solid #cad9ea;
        padding:0 1em 0;
    }
</style>
</head>
<body>
```

```html
<table>
    <tr>
        <th>序号</th>
        <th>姓名</th>
        <th>年龄</th>
        <th>毕业院校</th>
    </tr>
    <tr>
        <td>1</td>
        <td>张三</td>
        <td>22</td>
        <td>枣庄学院</td>
    </tr>
    <tr>
        <td>2</td>
        <td>李四</td>
        <td>23</td>
        <td>菏泽学院</td>
    </tr>
    <tr>
        <td>3</td>
        <td>王五</td>
        <td>24</td>
        <td>青岛农大</td>
    </tr>
    <tr>
        <td>4</td>
        <td>刘六</td>
        <td>21</td>
        <td>潍坊学院</td>
    </tr>
    <tr>
        <td>5</td>
        <td>赵七</td>
        <td>25</td>
        <td>曲阜师范</td>
    </tr>
</table>
</body>
</html>
```

运行效果如图 11-5 所示。

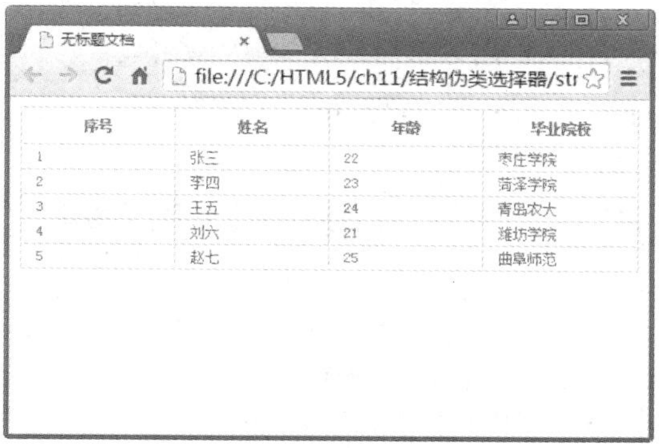

图 11-5　初始页面

通过使用样式来美化页面，代码如下：

```
<style type="text/css">
    h1{
        font-size:16px;
    }
    table{
        width:100%;
        font-size:12PX;
        table-layout:fixed;
        empty-cells:show;
        border-collapse:collapse;
        margin:0 auto;
        border:1px solid #cad9ea;
        color:#666;
    }
    th{
        height:30px;
        overflow:hidden;
    }
    td{
        height:20px;
    }
    td,th{
        border:1px solid #cad9ea;
        padding:0 1em 0;
    }
    /*匹配表格中 tr 的偶数行*/
    tr:nth-child(even){
```

```
            background-color:#9CC;
        }
</style>
```

在上述代码中,tr:nth-child(even)匹配 tr 中的偶数行并添加背景颜色,运行效果如图 11-6 所示。

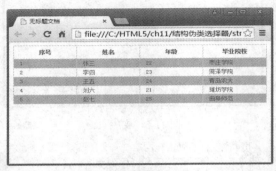

图 11-6　美化后的效果

【示例 11.4】使用伪类选择器设计个性导航菜单。

创建 HTML 文件 menuselect.html,代码如下:

```
<!doctype html>
<html>
<head>
<meta http-equiv="Content-Type" content="text/html; charset=utf-8" />
<title>无标题文档</title>
</head>
<body>
<div id="menu">
    <ul>
        <li>新闻</li>
        <li>军事</li>
        <li>社会</li>
        <li>财经</li>
        <li>股票</li>
        <li>基金</li>
        <li>科技</li>
        <li>手机</li>
        <li>数码</li>
        <li>体育</li>
        <li>中超</li>
        <li>NBA</li>
        <li>娱乐</li>
        <li>明星</li>
```

```html
<li>音乐</li>
<li>汽车</li>
<li>图库</li>
<li>车型</li>
<li>博客</li>
<li>微博</li>
<li>草根</li>
<li>视频</li>
<li>播客</li>
<li>大片</li>
<li>房产</li>
<li>地产</li>
<li>家居</li>
<li>读书</li>
<li>教育</li>
<li>健康</li>
<li>女性</li>
<li>星座</li>
<li>育儿</li>
<li>乐库</li>
<li>尚品</li>
<li>宠物</li>
<li>空间</li>
<li>邮箱</li>
<li>出国</li>
<li>论坛</li>
<li>SHOW</li>
<li>UC</li>
<li>游戏</li>
<li>玩玩</li>
<li>交友</li>
<li>城市</li>
<li>广东</li>
<li>上海</li>
<li>生活</li>
<li>旅游</li>
<li>电商</li>
<li>短信</li>
<li>商城</li>
<li>彩信</li>
```

```
            <li>健身</li>
            <li>下载</li>
            <li>导航</li>
            <li>商城</li>
            <li>天气</li>
            <li>爱问</li>
            <li>彩票</li>
            <li>公益</li>
            <li>世博</li>
        </ul>
    </div>
</body>
</html>
```

编写样式代码如下：

```
<style type="text/css">
        #menu{
                width:965px;
                height:126px;   }
        ul,li{
                padding:0;
                margin:0;
                list-style:none;
        }
        ul{
                float:right;
                margin-top:5px;
                width:790px;
                font-size:12px;
        }
        li{
                float:left;
                width:36px;
                padding:0 0 4px 0;
                text-align:center;
                background:url(images/line1.gif) no-repeat left center;
        }
        /*匹配1、4、7、10、13......(步长为30)的列表项*/
        li:nth-child(3n+1){
                font-weight:bold;
                background:none;
```

```
    }
    /*匹配1、23、45的列表项*/
    li:nth-child(22n+1){
            margin-left:-1px;
    }
    /*匹配第20个列表项*/
    li:nth-child(20){
            color:red;
    }
</style>
```

在上述代码中，通过 li:nth-child(n)括号中不同的参数实现不同的样式设定，运行效果如图 11-7 所示。

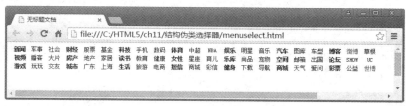

图 11-7　个性化菜单

11.1.3　UI 伪类选择器

CSS3 中，除了结构伪类选择器之外，还有一种选择器叫 UI 伪类选择器，该选择器的特征是：指定的样式只有当元素处于某种状态时才起作用，在默认状态下不起作用。

CSS3 中常见的 UI 伪类选择器有：

- ◆ E:hover：鼠标指针移动到 E 元素上的样式。
- ◆ E:active：E 元素被激活(鼠标单击 E 元素)时使用的样式。
- ◆ E:focus：E 元素获得光标焦点时使用的样式，通常是在文本框控件获得焦点并进行文字输入时使用。
- ◆ E:enabled：指定 E 元素处于可用状态时的样式。
- ◆ E:disabled：指定 E 元素处于不可用状态时的样式。
- ◆ E:read-only：指定 E 元素处于只读状态时的样式。
- ◆ E:read-write：指定 E 元素处于读写状态时的样式。
- ◆ E:checked：指定 E 元素被选中时的样式，通常应用于 radio 单选框或 checkbox 复选框。
- ◆ E:default：指定页面打开时，默认处于选取状态的 radio 或 checkbox 控件的样式。
- ◆ E:indeterminate：指定当页面打开时，一组单选框中没有任何一个单选框被设定选取状态时整组单选框的样式，如果用户选取了其中任何一个单选框，则该样式被取消。
- ◆ E:selection：指定当 E 元素处于选中状态时的样式。

【示例 11.5】 设计登录页面的表单样式。

创建 UISelect.html 文件,代码如下:

```html
<!doctype html>
<html>
<head>
<meta http-equiv="Content-Type" content="text/html; charset=utf-8" />
<title>无标题文档</title>
<style type="text/css">
    #register{
        width:400px;
        font-size:12px;
        padding:1em 2em 5px 2em;
    }
    label{
        line-height:26px;
        display:block;
    }
    /*匹配只读元素*/
    input:read-only{
        width:30px;
    }
    /*匹配不可用元素*/
    input:disabled{
        background:#ddd url(images/password1.gif) no-repeat 2px 2px;
        border:1px solid #fff;
        height:22px;
        border:1px solid #ccc;
    }
    input[name="tel"]{
        width:130px;
    }
    input[type="button"]{
        margin-left:30px;
    }
</style>
</head>
<body>
<fieldset id="register">
    <legend>用户注册</legend>
    <form action="" method="POST" class="form">
```

```
    <label for="name">姓名
        <input name="name" type="text"  id="name" value="" />
    </label>
    <label for="password">密码
        <input name="password" type="text" id="password" value=""          disabled="disabled" />
    </label>
    <label for="tel">固话
            <input value="0532" readonly="readonly" />
        <input name="tel" type="text" />
    </label>
    <input type="button" value="提交" />
    </form>
</fieldset>
</body>
</html>
```

上述代码中 input:read-only 匹配只读的 input 元素，因此选中的元素为：

`<input value="0532" readonly="readonly" />`

input:disable 匹配不可用的 input 元素，因此选中的元素为：

`<input name="password" type="text" id="password" value="" disled="disabled" />`

运行结果如图 11-8 所示。

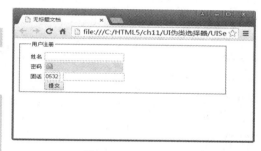

图 11-8　UI 选择器

11.2　背景和边框

CSS3 增加了对元素背景和边框的控制，可以实现丰富的页面效果。、

11.2.1　多色边框

设置容器的边框颜色用 border-color 这个属性，该属性的特点是：可以同时设置多个颜色，每种颜色显示 1 像素的宽度，如果边框宽度是 40 像素，但只设置了 10 种颜色，那么最后一个颜色将在剩下的宽度中显示。

CSS3 增强了这个属性的功能，使用它可以为边框设置多样的效果，而且在原有的基础上派生了 4 个边框颜色属性，具体如下：

- ✧ border-top-color：定义顶部边框的色彩。
- ✧ border-left-color：定义左侧边框的色彩。
- ✧ border-right-color：定义右侧边框的色彩。

◆ border-bottom-color：定义底部边框的色彩。

【示例 11.6】使用 border-color 属性定义多种色彩的边框。

创建 HTML 文件 border-color.html，代码如下：

```
<!doctype html>
<html>
<head>
<meta http-equiv="Content-Type" content="text/html; charset=utf-8" />
<title>无标题文档</title>
<style type="text/css">
    div{
        height:100px;
        width:500px;
        border:60px solid;
        border-bottom-color: red;
        border-left-color: blue;
        border-right-color: yellow;
        border-top-color: green;
}
</style>
</head>
<body>
    <div></div>
</body>
</html>
```

上述代码为 div 标签的四个边框分别设置了不同的颜色，运行效果如图 11-9 所示。

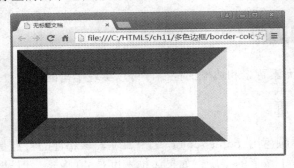

图 11-9　多色边框效果

11.2.2　边框背景图片

在 CSS3 之前，如果要设置图片边框，那么需要为每条边单独使用一幅图像，这种做法非常麻烦。针对这种情况，CSS3 增加了一个 border-image 属性，可以使用一张图片实现边框的背景设置，减少了开发人员的工作量。

border-image 属性的基本语法如下：

border-image:none|<image> [<number>|<percentage>]

参数说明如下：
- none：默认值，表示边框无背景图。
- <image>：使用绝对或相对 URL 地址指定边框的背景图片。
- <number>：设置边框宽度或边框背景图片大小，单位为像素。
- <percentage>：设置边框背景图像大小，单位为百分比。

【示例 11.7】使用 border-image 属性定义边框背景图片。

创建 HTML 文件 border-image.html，代码如下：

```
<!doctype html>
<html>
<head>
<meta http-equiv="Content-Type" content="text/html; charset=utf-8" />
<title>无标题文档</title>
<style type="text/css">
    div{    width:500px;
            height:100px;
            border-width:20px;
            border-image:url(images/border1.jpg) 20;
        }
</style>
</head>

<body>
    <div></div>
</body>
</html>
```

运行结果如图 11-10 所示。

图 11-10　边框图片效果

11.2.3　圆角边框

在设计页面的时候经常会用到圆角边框，CSS3 之前只能使用图像文件才能达到效果，有了 CSS3 之后，只需编写样式就可以设计出圆角边框。

CSS3 定义了 border-radius 属性，使用它可以设计出圆角边框，其基本语法如下：

border-radius:none|<length> [/<length>]

参数说明如下：

- none：默认值，表示元素没有圆角。
- length：长度值，不可为负数。

为了更详细地定义元素的 4 个角，border-radius 属性派生了 4 个子属性：

- border-top-right-radius：定义右上角的圆角。
- border-top-left-radius：定义左上角的圆角。
- border-bottom-right-radius：定义右下角的圆角。
- border-bottom-left-radius：定义左下角的圆角。

border-radius 属性可包含两个参数值：第一个表示圆角的水平半径，第二个表示圆角的垂直半径，两个参数通过斜线分割。如果仅设置一个值，则第二个值与第一个值相同，表示这个角是一个 1/4 圆角。如果参数值中包含 0，则这个角就是直角。

【示例 11.8】给 div 元素设置圆角边框。

创建 HTML 文件 border-radius.html，代码如下：

```html
<!doctype html>
<html>
<head>
<meta http-equiv="Content-Type" content="text/html; charset=utf-8" />
<title>无标题文档</title>
<style type="text/css">
    div{
        width:500px;
        height:100px;
        border:15px solid #C96;
        border-radius:30px;
    }
</style>
</head>
<body>
    <div></div>
</body>
</html>
```

上述代码中，border-radius:30px 只设置了一个值，相当于下面的代码：

border-top-left-radius:30px;

border-top-right-radius:30px;

border-bottom-left-radius:30px;

border-bottom-right-radius:30px;

运行效果如图 11-11 所示。

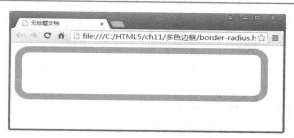

图 11-11　圆角边框效果

11.2.4　设计阴影

在 CSS3 中，可以使用 box-shadow 属性为元素添加阴影效果。该属性值包含 6 个参数：阴影类型、X 轴位移、Y 轴位移、阴影大小、阴影扩展和阴影颜色。这 6 个属性并不要求同时出现。

如果不设置阴影类型，则默认为投影效果；当设置阴影类型为 inset 时，则为内阴影。如果没有设置阴影大小，必须用 box-shadow 设置阴影的位移量，否则没有效果。如果定义了阴影大小，则阴影位移设为 0 才能看到效果。

【示例 11.9】设置元素的阴影效果。

创建 HTML 文件 box-show.html，代码如下：

```
<!doctype html>
<html>
<head>
<meta http-equiv="Content-Type" content="text/html; charset=utf-8" />
<title>无标题文档</title>
<style type="text/css">
    img{
        box-shadow:
            5px 5px 20px #06C,
    }
</style>
</head>
<body>
    <img src="images/img1.jpg"/>
</body>
</html>
```

上述代码中，box-shadow:5px 5px 20px #06C 设置向右偏移 5 px，向下偏移 5 px，阴影大小为 20 px，阴影颜色为 #06C。运行结果如图 11-12 所示。

图 11-12　边框阴影效果

11.2.5 设计背景

CSS3 增强了 background 属性的功能，使设计网页背景效果变得更加方便灵活，而且允许在同一个元素内叠加多个背景图像。

CSS3 新增了 4 个与背景相关的属性：
- background-clip：指定背景的显示范围。
- background-origin：指定绘制背景图像时的起点。
- background-size：指定背景中图像的尺寸。
- background-break：指定内联元素的背景图像进行平铺时的循环方式。

1．background-origin

background-origin 属性定义 background-position 属性的参考位置。默认情况下，background-position 属性总是以元素左上角为坐标原点定位背景图像，使用 background-origin 属性可以改变这种定位方式。该属性的基本语法如下：

background-origin: padding-box|border-box|content-box;

【示例 11.10】使用 background-origin 属性改变背景图像的定位方式。

创建 HTML 文件 background-origin.html，代码如下：

```
<!doctype html>
<html>
<head>
<meta http-equiv="Content-Type" content="text/html; charset=utf-8" />
<title>无标题文档</title>
<style type="text/css">
    div{
        width:410px;
        height:600px;
        border:10px solid red;
        background:url(images/p2.jpg) no-repeat;
        background-origin:border-box;
        padding-left:30px;
        padding-right:40px;
        padding-top:30px;
    }
    div h1{
        text-align:center;
        font-size:18px;
    }
    div p {
        text-indent:2em;
        line-height:35px;
```

```
            font-family:楷体;
        }
</style>
</head>
<body>
<div>
    <h1>春</h1>
    <p>盼望着，盼望着，东风来了，春天的脚步近了。一切都像刚睡醒的样子，欣欣然张开了眼。山朗润起来了，水涨起来了，太阳的脸红起来了。小草偷偷地从土里钻出来，嫩嫩的，绿绿的。园子里，田野里，瞧去，一大片一大片满是的。坐着，躺着，打两个滚，踢几脚球，赛几趟跑，捉几回迷藏。风轻悄悄的，草软绵绵的。桃树、杏树、梨树，你不让我，我不让你，都开满了花赶趟儿。红的像火，粉的像霞，白的像雪。花里带着甜味，闭了眼，树上仿佛已经满是桃儿、杏儿、梨儿！花下成千成百的蜜蜂嗡嗡地闹着，大小的蝴蝶飞来飞去。野花遍地是：杂样儿，有名字的，没名字的，散在草丛里，像眼睛，像星星，还眨呀眨的。</p>
</div>
</body>
</html>
```

上述代码中，使用 background-origin:borde-box 来设置背景的定位方式，运行效果如图 11-13 所示。

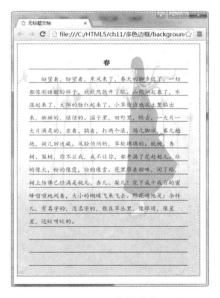

图 11-13 背景定位

2．定义多背景图像

CSS3 可以实现在一个元素中同时显示多个背景图像，这使得背景图像的调整变得更加方便。

【示例 11.11】设置多背景图像。

创建 HTML 文件 muti-backgroud.html，代码如下：

```
<!doctype html>
<html>
<head>
<meta http-equiv="Content-Type" content="text/html; charset=utf-8" />
<title>无标题文档</title>
<style type="text/css">
        div{
                width:630px;
                height:480px;
                background:url(images/bg1.jpg) top left no-repeat,
                        url(images/bg2.png) bottom left repeat-x;
        }
</style>
</head>
<body>
        <div></div>
</body>
</html>
```

上述代码中为 div 设置了两张背景图像，运行效果如图 11-14 所示。

图 11-14　多背景效果

11.2.6　透明背景色

RGBA 色彩模式是 RGB 色彩模式的扩展，在红、绿、蓝三种原色的基础上增加了透明度参数，语法格式如下：

rgba:(r,g,b,<opacity>);

其中，<opacity>表示透明度，取值在 0～1 之间，0 表示全透明，1 表示不透明。

【示例 11.12】使用 RGBA 实现半透明样式。

创建 HTML 文件 transparentbackground.html，代码如下：

<!doctype html>

```
<html>
<head>
<meta http-equiv="Content-Type" content="text/html; charset=utf-8" />
<title>无标题文档</title>
<style type="text/css">
        #div1{
                width:400px;
                height:400px;
                background:url(images/bg1.jpg);
        }
        #div1 div{
                width:260px;
                height:300px;
                margin-left:15%;
                float:left;
                margin-top:9%;
                /*设置不透明度*/
                background:rgba(255,255,255,0.6);
        }
</style>
</head>
<body>
<div id="div1">
        <div></div>
</div>
</body>
</html>
```

运行效果如图 11-15 所示。

图 11-15　半透明背景色

11.3　文本效果

在文本效果方面，CSS3 扩展了原有文本的属性，同时完善了颜色控制、不透明效果等，使文本显示更加绚丽多彩。

11.3.1　设计文本阴影

在 CSS3 中，可以使用 text-shadow 属性给文字添加一个或多个阴影效果，语法格式如下：

text-shadow：h-shadow v-shadow blur color;

参数说明如下：

✧ h-shadow：必需，水平阴影的位置，允许负值。
✧ v-shadow：必需，垂直阴影的位置，允许负值。
✧ blur：可选，模糊的距离。
✧ color：可选，阴影的颜色。

【示例 11.13】使用 text-shadow 属性设置文字的阴影效果。

创建 HTML 文件 text-shadow.html，代码如下：

```
<!doctype html>
<html>
<head>
<meta http-equiv="Content-Type" content="text/html; charset=utf-8" />
<title>无标题文档</title>
<style type="text/css">
    p{
        font:bold 60px "Times New Roman", Times, serif;
        color:#999;
        text-align:center;
        /*设置阴影效果*/
        text-shadow:3px 3px #333;
    }
</style>
</head>
<body>
    <p>我的地盘我做主</p>
</body>
</html>
```

上述代码中，设置阴影的效果为：向右、向下分别偏移 3px，阴影颜色为#333，运行效果如图 11-16 所示。

图 11-16　文本阴影效果

【示例 11.14】设计文本的突起效果。

创建 HTML 文件 text-shadow2.html，代码如下：

```
<!doctype html>
<html>
```

```
<head>
<meta http-equiv="Content-Type" content="text/html; charset=utf-8" />
<title>无标题文档</title>
<style   type="text/css">
      p{
               font:60px Arial, Helvetica, sans-serif;
               color:#D1D1D1;
               text-align:center;
               background:#CCC;
               text-shadow:-1px -1px white,1px 1px #333;
      }
</style>
</head>
<body>
      <p>HTML5+CSS3</p>
</body>
</html>
```

上述代码中，给文字同时设置了两次阴影效果，第一次向左、向上偏移 1px 并设置颜色为 white，第二次向右、向下偏移 1px 并设置颜色为 #333。运行效果如图 11-17 所示。

如果把示例 11.14 中阴影效果颠倒，则会有凹下效果，代码如下：

```
text-shadow:-1px -1px #333,1px 1px white;
```

运行效果如图 11-18 所示。

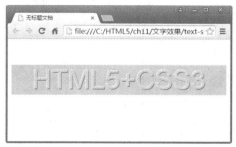
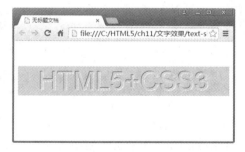

图 11-17　文字凸起效果　　　　　　图 11-18　文字凹下效果

11.3.2　定义文本样式

1．文本样式

CSS3 中增加了大量的控制文本显示的属性，使得文字处理变得更加方便。下面通过示例对一些属性进行讲解。

【示例 11.15】设置文本显示格式。

创建 textstyle.html 文件，代码如下：

```
<!doctype html>
```

```html
<html>
<head>
<meta http-equiv="Content-Type" content="text/html; charset=utf-8" />
<title>无标题文档</title>
<style type="text/css">
        div{
                margin:0 auto;
                width:400px;
                font:18px 楷体;
                background:#CCC;
        }
</style>
</head>
<body>
    <div>
        千万里我追寻着你
        可是你却并不在意
        你不像是在我梦里
        在梦里你是我的唯一
        Time and time again you ask me
        问我到底爱不爱你
        Time and time again I ask myself
        问自己是否离得开你
        我今生看来注定要独行
        热情已被你耗尽
        我已经变得不再是我
        可是你却依然是你
        Time and time again you ask me
        问我到底爱不爱你
        Time and time again I ask myself
        问自己是否离得开你
        Time and time again you ask me
        问我到底恨不恨你
        Time and time again I ask myself
        问自己你到底好在哪里
        好在那里
    </div>
</body>
</html>
```

上述代码显示宽度、字体以及背景色，运行结果如图 11-19 所示。

图 11-19　文本默认显示效果

(1) 设置首行缩进，样式代码如下：

```
<style type="text/css">
    div{
        margin:0 auto;
        width:400px;
        font:18px 楷体;
        background:#CCC;
        /*首行缩进*/
        text-indent:2em;
    }
</style>
```

运行结果如图 11-20 所示。

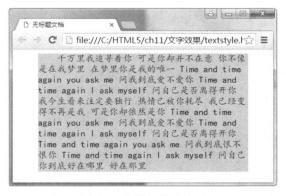

图 11-20　首行缩进效果

> text-indent 属性规定文本块中首行文本的缩进，允许使用负值，如果使用负值，那么首行会被缩进到左边。

(2) 设置文本的换行行为，代码如下：

```
<style type="text/css">
    div{
        margin:0 auto;
```

```
            width:400px;
            font:18px 楷体;
            background:#CCC;
            /*首行缩进*/
            text-indent:2em;
            /*文字换行设置*/
            word-break:break-all;
        }
</style>
```
运行效果如图 11-21 所示。

图 11-21 单词跨行显示效果

通过使用 word-break 属性，可以让浏览器实现在任意位置的换行。该属性的语法为：

word-break：normal | break-all | keep-all;

属性值说明如下：
- normal：表示浏览器默认的换行规则。
- break-all：表示允许在单词内换行。
- keep-all：表示在半角空格或连字符处换行。

(3) 设置文本以两端对齐的方式显示，代码如下：

```
<style type="text/css">
        div{
            margin:0 auto;
            width:400px;
            font:18px 楷体;
            background:#CCC;
            /*首行缩进*/
            text-indent:2em;
            /*文字对齐方式*/
            text-align:justify;
        }
</style>
```
运行效果如图 11-22 所示。

图 11-22　两端对齐显示效果

text-align 属性规定元素中文本的水平对齐方式。该属性的语法格式为：

text-align:left | right | center | justify | inherit

属性值说明如下：

- left：表示把文本排列到左边。
- right：表示把文本排列到右边。
- center：表示把文本排列到中间。
- justify：表示文本两端对齐。
- inherit：表示从父元素继承 text-align 属性的值。

2．文本溢出

CSS3 新增了 text-overflow 属性，该属性可以设置超长文本省略显示。

text-overflow 属性基本语法如下：

text-overflow:clip | ellipsis | ellipsis-word;

属性值说明如下：

- clip：不显示省略标记。
- ellipsis：文本溢出时显示省略标记(…)，省略标记在最后一个字符后面插入。
- ellipsis-word：文本溢出时显示省略标记(…)，省略标记在最后一个词后面插入。

【示例 11.16】使用 text-overflow 属性来固定列表。

创建 HTML 文件 text-overflow.html，代码如下：

```
<!doctype html>
<html>
<head>
<meta http-equiv="Content-Type" content="text/html; charset=utf-8" />
<title>无标题文档</title>
<style type="text/css">
    dt{
        font-size:14px;
        font-family:"Times New Roman", Times, serif;
        font-weight:bold;
```

```
        }
        dd{
                width:200px;
                font-size:12px;
                font-family:"Palatino Linotype", "Book Antiqua", Palatino, serif;
                padding-top:5px;
                margin-left:0px;
                /*不允许换行*/
                white-space:nowrap;
                /*超出部分隐藏*/
                overflow:hidden;
                /*设置省略标记*/
                text-overflow:ellipsis;
        }
    </style>
</head>
<body>
    <dl>
        <dt>新闻列表</dt>
        <dd>南京大屠杀档案被列入"世界记忆"名录</dd>
        <dd>多地上调出租车运价，的哥期盼降低"份子钱"</dd>
        <dd>重庆打破教师终身制：连续两年考核不合格不得任教</dd>
        <dd>"中纪委通报163起群众身边的"四风"和腐败问题</dd>
    </dl>
</body>
</html>
```

上述代码中，当文字长度超出容器宽度时，则显示省略标记，通过设置 text-overflow 属性值为 ellipis 实现。需要注意的是，要实现这种效果，必须设置 white-space 属性值为 nowrap，overflow 属性值为 hidden。

运行结果如图 11-23 所示。

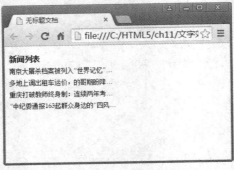

图 11-23　超宽文字显示为省略号

11.4 多列布局

在 CSS3 之前，主要使用 float 属性或 position 属性进行页面布局，但是使用这些属性的缺点是：两栏或多栏中如果元素的内容高度不一致，则底部很难对齐。CSS3 中增加了一些新的布局方式，使用这些新的布局方式可以更便捷地进行页面布局。

11.4.1 定义列宽与列数

columns 属性可以进行多列布局，其基本语法如下：

columns:<column-width>||<column-count>;

- column-width：定义每列的宽度。
- column-count：定义列数。

【示例 11.17】使用 columns 进行分栏布局。

创建 HTML 文件 muti-column.html，代码如下：

```
<!doctype html>
<html>
<head>
<meta http-equiv="Content-Type" content="text/html; charset=utf-8" />
<title>无标题文档</title>
<style type="text/css">
    body{
        /*设置栏宽度及栏数*/
        -webkit-columns:300px 3;
        columns:300px 3;
        line-height:2em;
        font-family:楷体;
    }
    h1{
        text-align:center;
    }
    p{
        text-indent:2em;
        font-size:16px;
    }
</style>
</head>
```

```html
<body>
    <h1>高校121工程软件与服务外包专业校企合作模式的未来</h1>
    <p>人才链条是产业良性发展的强有力支撑,人才的聚集所产生的"虹吸效应"是国家服务外包产业发展的最有效方式。</p>
    <p>2009年起创生于青岛的"121工程高校软件与服务外包校企合作项目",创建了科学的高校服务外包类专业课程改革体系和互联网教育与就业公共服务平台,形成了一整套服务外包类初级人才考核 标准和高校服务外包类专业教师的双师型考核标准。该模式具有政、企、校合作的"公共服务平台性质"(包括在线考试、在线培训、在线面试与就业服务等),能够为政、企、校、生提供一整套完整科学的高校服务外包类的专业课程改革(课改体系、教材体系、服务体系、教师培训体系、实训体系、考核体系、互联网教学体系与就业服务体系)典型校企合作、专业共建单位。</p>
    <p>该合作模式,能够加快解决我国服务外包企业人才瓶颈问题,促使我国外包人才"规模化、体系化、标准化、科班化"发展,可为国家软件与服务外包产业及相关的电子商务产业和物联网产业提供可持续的、滚动式的人才储备,使这些产业能够快速发展,并刺激和拉动与此相关产业发展,逐渐形成相互依赖相互协调的产业集群。</p>
    <p>该模式主要特点:<p>
    <p>(1)使用国家高校正常本科招生计划,高校与企业共同招收与培养服务外包专业人才,是服务外包人才培养最具备"规模化、体系化、标准化、科班化"的校企合作模式。</p>
    <p>(2)科学推进校企合作,高校服务外包类的专业课程改革彻底。六年来,该项目投入巨大的人力、物力、财力,科学、全面、彻底、高效地推进了山东的高校向着国家服务外包产业发展,导向人才需求的课程改革、专业建设、人才培养都取得了巨大成果,山东10所高校已经采取了"121工程软件与服务外包专业校企合作项目"模式,在校大学生2014年将超过10000人。</p>
    <p>(3)服务外包类的专业齐全。包括软件外包专业、物联网专业(嵌入式软件外包)、金融与财务外包、电子商务与现代物流外包四大校企合作专业。</p>
    <p>(4)体系健全,包括课改体系、教材体系、服务体系、教师培训体系、实训体系、考核体系、远程教学体系、就业服务体系。</p>
    <p>(5)已完成"校企联盟信息化服务平台"的建设工作,该平台集教育管理、远程教育、企业联盟、高校联盟、就业服务、人力资源于一体,是面向政、企、校与学生服务的专业化电子平台。该平台旨在形成以高校云、企业云、人力资源云为支撑的"三云一平台",充分融合线上线下资源,开创面向高校、企业和学生的OTO互联网模式,快速建立进一步提高网校、信息咨询、远程教育、人力资源服务等网络系统,充分利用信息化段进一步促进人才培养和产业快速发展。</p>
    <p>综上,该合作模式极具在全省全国高校推广价值,从而真正打破国家在发展软件与服务外包产业以及相关的电子商务产业、物联网产业、高端制造业产业在发展过程中的人才瓶颈,构筑人才高地,为国家产业转型、发展蓝色经济提供有力的智力支撑。</p>
</body>
</html>
```

上述代码中,columns:300px 3 表示整个页面分为3列,每列宽度为300px,运行结果如图11-24所示。

第 11 章 CSS3

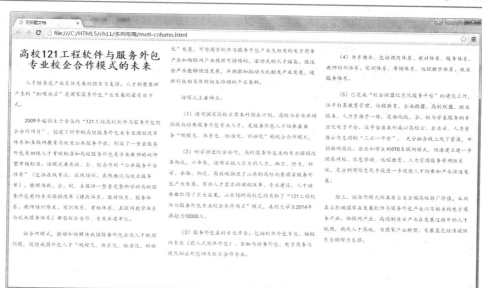

图 11-24　多列布局效果

11.4.2　定义列间距

column-gap 属性用于定义两栏之间的间距。

【示例 11.18】在示例 11.17 基础上设置栏间距。

样式代码如下：

```
<style type="text/css">
    body{
        /*设置栏宽度及栏数*/
        -webkit-columns:300px 3;
        columns:300px 3;
        /*列间距*/
        -webkit-column-gap:3em;
        line-height:2em;
        font-family:楷体;
    }
    h1 {
        text-align:center;
    }
    p{
        text-indent:2em;
        font-size:16px;
    }
</style>
```

上述代码中，使用-webkit-column-gap:3em 属性设置栏与栏之间的距离，运行效果如图 11-25 所示。

图 11-25 多列间距

11.4.3 定义列边框样式

column-rule 属性用于设置栏之间的边框样式，该属性基本语法如下：

column-rule:<length> | <style> | <color> | <transparent>;

参数说明如下：
- length：定义边框宽度。
- style：定义边框样式。
- color：定义边框颜色。
- transparent：定义边框透明度。

【示例 11.19】在示例 11.18 基础上为列之间添加分割线。
样式代码如下：

```
<style type="text/css">
    body{
        /*设置栏宽度及栏数*/
        -webkit-columns:300px 3;
        columns:300px 3;
        /*列间距*/
        -webkit-column-gap:3em;
        /*定义分割线样式*/
        -webkit-column-rule:2px dashed gray;
        line-height:2em;
        font-family:楷体;
```

```
        }
        h2{
                color:#666;
        }
        h1,h2{
                text-align:center;
        }
        p{
                text-indent:2em;
                font-size:16px;
        }
</style>
```

上述代码中，-webkit-column-rule:2px dashed gray 表示设置分割线宽为 2px，分割线为灰色虚线，运行效果如图 11-26 所示。

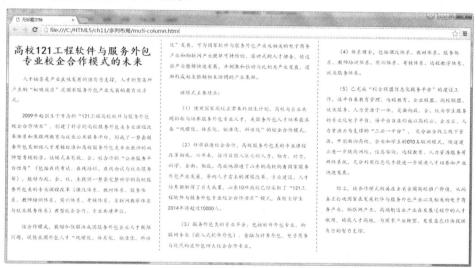

图 11-26　带分割线的多列布局

11.4.4　定义跨列显示

column-span 属性可以设置跨列显示，其基本语法如下：

column-span:1 | all;

【示例 11.20】在示例 11.19 基础上设置标题跨列显示。

样式代码如下：

```
<style type="text/css">
        body{
                /*设置栏宽度及栏数*/
                -webkit-columns:300px 3;
```

```
            columns:300px 3;
            /*列间距*/
            -webkit-column-gap:3em;
            /*定义分割线样式*/
            -webkit-column-rule:2px dashed gray;

            line-height:2em;
            font-family:楷体;
        }
        h1 {
            text-align:center;
            /*横跨所有列*/
            -webkit-column-span:all;
        }
        p{
            text-indent:2em;
            font-size:16px;
        }
</style>
```

运行效果如图 11-27 所示。

图 11-27　标题跨列显示

11.5　用户界面

CSS3 新增加了 UI 模块用来控制与用户界面相关的呈现方式，该模块定义了很多用于提高用户体验的属性和功能。

11.5.1 改变盒模型模式

CSS3 之前，符合标准的浏览器中元素的 width 或 height 属性只包括 content 部分，而 IE 5 浏览器中元素的 width 和 height 属性则包括 border+padding+content 三部分，这导致了冲突。CSS3 利用盒模型进行了完善，通过设置 box-sizing 属性，可以设置不同的盒模型模式。其基本语法格式如下：

```
box-sizing:content-box | border-box | inherit;
```

其参数解释如下：

- content-box：元素的属性 width/height 代表 content 的宽和高。
- border-box：元素的属性 width/heigh 代表 border+padding+content 的宽和高。
- inherit：继承父元素 box-sizing 属性的值。

【示例 11.21】使用 box-sizing 设置宽和高保持原大小。

创建 HTML 文件 box-sizing.html，代码如下：

```
<!doctype html>
<html>
<head>
<meta http-equiv="Content-Type" content="text/html; charset=utf-8" />
<title>无标题文档</title>
<style type="text/css">
        div{
            width:300px;
            height:400px;
            background:#996;
            padding:40px;
        }
</style>
</head>
<body>
    <div></div>
</body>
</html>
```

默认为 content-box 模式，运行结果如图 11-28 所示，有背景颜色的区域宽度为 380(300+40+40)像素，高度为 480(400+40+40)像素。

图 11-28　content-box 模式

修改示例 11.21 的样式代码如下：

```
<style type="text/css">
        div{
            width:300px;
            height:400px;
```

```
                background:#996;
                padding:40px;
                /*border-box使得元素的宽和高不变，只是内容位置发生变化*/
                -webkit-box-sizing:border-box;
                -moz-box-sizing:border-box;
            }
</style>
```

上述代码中设置 box-sizing 属性值为 border-box，运行结果如图 11-29 所示，宽度为 300，高度为 400。

图 11-28 与图 11-29 的浏览器窗口大小是一样的，但从运行结果可以看出图 11-29 的背景色区域尺寸明显比图 11-28 的小，这是由于 box-sizing 设置不同导致的。

图 11-29 border-box 模式

11.5.2 调节元素尺寸

CSS3 中新增了 resize 属性，支持通过拖动的方式改变元素的大小。在此之前，如果要实现这种效果，通常需要使用 JavaScript 脚本。使用 resize 属性的基本语法如下：

```
resize:none|both|horizontal|vertical|inherit;
```

参数说明如下：
- none：不支持尺寸调整。
- both：用户可调整元素的宽度和高度。
- horizontal：用户可调整元素的宽度。
- vertical：用户可调整元素的高度。
- inherit：默认继承。

【示例 11.22】使用 resize 属性实现元素尺寸变化。

创建 HTML 文件 resize.html 并编写代码如下：

```
<!doctype html>
<html>
<head>
<meta http-equiv="Content-Type" content="text/html; charset=utf-8" />
<title>无标题文档</title>
<style type="text/css">
        div{
                width:200px;
                height:100px;
                border:1px solid #09F;
                background:url(images/121.jpg) no-repeat center;
```

```
                /*必须同时定义overflow和resize，否则resize无效*/
                resize:both;
                overflow:auto;
            }
</style>
</head>
<body>
        <div></div>
</body>
</html>
```

上述代码设置 div 元素的 resize 属性为 both，使得用户可以拖动调整 div 元素的宽度和高度，运行结果如图 11-30 所示。

鼠标移到 div 右下角，按住鼠标左键拖动，可实现图片的放大与缩小，运行结果如图 11-31 所示。

 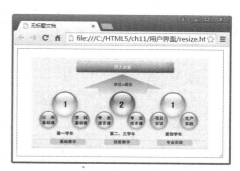

图 11-30　显示部分图片　　　　　　图 11-31　拖动后显示全部图片

11.5.3　控制显示内容

在 CSS3 中利用 content 属性可以替换文本内容和文本属性，而在此之前，一般采用 JavaScript 脚本来实现这种任务。使用 content 的基本语法如下：

content:normal|string|attr()|uri()|counter()|none;

参数说明如下：

- ◇ normal：默认值。
- ◇ string：插入文本。
- ◇ attr()：插入属性。
- ◇ url()：插入一个外部资源，如图像、音视频等。
- ◇ counter()：计数器，用于插入排序标识。
- ◇ none：无内容。

【示例 11.23】使用 content 属性修改元素内容。

创建 HTML 文件 content.html，代码如下：

```
<!doctype html>
<html>
<head>
<meta http-equiv="Content-Type" content="text/html;
            charset=utf-8" />
<title>无标题文档</title>
<style type="text/css">
    div{
            content:url(images/002.jpg);
    }
</style>
</head>
<body>
    <div>无边落木萧萧下,不尽长江滚滚来。</div>
</body>
</html>
```

图 11-32　content 效果

上述代码中，div 元素中添加了两句诗词，然后通过样式 content 来修改了 div 元素内容，把之前的文字替换成一张图片，运行结果如图 11-32 所示。

11.5.4　恢复默认样式

在 CSS3 中，可以利用 initial 属性值取消对元素的样式设定。要取消元素已定义的样式最简单的方法是直接在样式表中删除该样式。但是在有些情况下，一个样式可能对应多个元素，如果把该样式删除会导致其他元素样式显示不正常，因此可以使用 initial 属性针对单个元素恢复默认样式。

【示例 11.24】使用 initial 属性值恢复元素默认样式。

创建 HTML 文件 initial.html 并编写代码如下：

```
<!doctype html>
<html>
<head>
<meta http-equiv="Content-Type" content="text/html; charset=utf-8" />
<title>无标题文档</title>
<style type="text/css">
    div{
            font-family:华文行楷;
            font-weight:bold;
            font-size:25px;
            color:green;
    }
```

```
            div#div2{
                font-weight:initial;
                color:initial;
                font-size:initial;
            }
</style>
</head>
<body>
    <div id="div1">曾经沧海难为水，除却巫山不是云。</div>
    <div id="div2">我自横刀向天笑，去留肝胆两昆仑。</div>
    <div id="div3">人生自古谁无死，留取丹心照汗青。</div>
</html>
```

上述代码中，单独把 id 为 div2 的元素恢复为默认样式，运行结果如图 11-33 所示。

图 11-33　恢复元素样式

11.6　转换与动画

CSS3 中新增了 2D 转换和动画效果，不需要复杂编程，就可以实现多种丰富的动画和特效，如图片的旋转、倾斜、变形等。

11.6.1　2D 转换

CSS3 中提供了多种动画效果，其中之一是 transform 属性，利用 transform 属性可以实现文字或图像的旋转、缩放、倾斜、移动等效果。

transform 属性的基本语法如下：

transform:none|<transform-function>;

其中，transfrom-function 包括以下几种常用函数：

- ◇　translate()：移动元素，基于 X 和 Y 坐标重新定位元素。
- ◇　scale()：缩放元素，取值包括正数、负数、小数。
- ◇　rotate()：旋转元素，取值为一个度数。
- ◇　skew()：倾斜元素，取值为一个度数。
- ◇　matrix()：定义矩阵变换，基于 X 和 Y 坐标重新定位元素。

1．旋转、缩放

rotate()函数可以实现元素的旋转，其语法如下：

rotate(<angle>);

scale()函数可以缩放元素大小,该参数包括两个参数值,分别定义了宽和高的缩放比例,其语法结构如下:

scale(<number>[,<number>]);

其中,<number>参数值可以是正数、负数和小数。正数值将放大元素,负数值不会缩小元素,而会翻转元素,小数可以缩小元素。如果省略第二个参数,则第二个参数值等于第一个参数值。

【示例 11.25】演示 rotate 函数和 scale 函数的使用。

创建 HTML 文件 rotate.html,代码如下:

```
<!doctype html>
<html>
<head>
<meta http-equiv="Content-Type" content="text/html; charset=utf-8" />
<title>无标题文档</title>
<style type="text/css">
        div{
                width:300px;
                height:200px;
                margin:0 auto;
                background:url(images/002.jpg) no-repeat;
                background-size:cover;
                position:absolute;
                top:50%;
                left:50%;
                margin-left:-150px;
                margin-top:-100px;
                /*定义动画 变换持续0.5秒 加速*/
                -webkit-transition-duration:.5s;
                -webkit-transition-timing-function:ease-in;
        }
        div:hover{
                /*鼠标移上旋转120°并拉伸2倍*/
                -webkit-transform:rotate(120deg) scale(2);
        }
</style>
</head>
<body>
    <div></div>
</body>
</html>
```

上述代码中，当鼠标移动到图片上时，使用 rotate(120deg)函数使元素旋转 120°并使用 scale(2)函数拉伸 2 倍大小，运行结果如图 11-34 所示。

图 11-34　旋转图片

2．移动、倾斜

translate()函数可以重新定位元素的坐标，该函数包括两个参数值，分别用来表示 X 轴和 Y 轴的坐标，其语法格式如下：

translate(<translation-value>[,<translation-value>])

如果省略了第二个参数，则第二个参数默认值为 0。

skew()函数可以实现元素的倾斜，它包含两个参数，分别用来定义 X 轴和 Y 轴的坐标倾斜角度，其语法格式如下：

skew(<angle>[,<angle>])

如果省略了第二个参数，则第二个参数默认值为 0。

【示例 11.26】演示 translate 函数和 skew 函数的使用。

创建 HTML 文件 translate.html，代码如下：

```
<!doctype html>
<html>
<head>
<meta http-equiv="Content-Type" content="text/html; charset=utf-8" />
<title>无标题文档</title>
<style type="text/css">
    body{
        background:url(images/wood-bg.jpg);
    }
    ul#top{
```

```css
                padding-top:50px;
                box-sizing:border-box;
                width:650px;
                margin:0 auto;
        }
        ul#top li{
                float:left;
                list-style:none;
                border:1px solid white;
                margin:20px;
                -webkit-transition-duration:0.5s;
        }
        /*鼠标移上放大1.5倍*/
        ul#top li:hover{
                -webkit-transform:scale(1.5);
        }
        /*偶数元素旋转10°*/
        ul#top li:nth-child(even){
                -webkit-transform:rotate(10deg);
        }
        /*偶数元素下移20像素*/
        ul#top li:nth-child(even):hover{
                -webkit-transform:translate(0,20px);
        }
        /*第一个元素在X轴倾斜20° */
        ul#top li:nth-child(1){
                -webkit-transform:skewX(20deg);
        }
        ul#top li:last-child{
                -webkit-transform:skewY(30deg);
        }
</style>
</head>
<body>
        <ul id="top">
        <li><img src="images/pic1.png" width="100" height="100" /></li>
        <li><img src="images/pic2.png" width="100" height="100" /></li>
        <li><img src="images/pic3.png" width="100" height="100" /></li>
        <li><img src="images/pic4.png" width="100" height="100" /></li>
        <li><img src="images/pic5.png" width="100" height="100" /></li>
```

第 11 章 CSS3

```
        <li><img src="images/pic6.png" width="100" height="100" /></li>
        <li><img src="images/pic7.png" width="100" height="100" /></li>
        <li><img src="images/pic8.png" width="100" height="100" /></li>
        <li><img src="images/pic9.png" width="100" height="100" /></li>
        <li><img src="images/pic10.png" width="100" height="100" /></li>
    </ul>
</body>
</html>
```

下面的代码中，当鼠标移动到偶数元素上时，元素向下移动 20 像素。

```
ul#top li:nth-child(even):hover{
        -webkit-transform:translate(0,20px);
}
```

下面的代码中，最后一个元素在 Y 轴上倾斜 30°。

```
ul#top li:last-child{
        -webkit-transform:skewY(30deg);
}
```

运行结果如图 11-35 所示。

图 11-35　移动倾斜图片

3．矩阵变换

matrix()是矩阵函数，它把所有 2D 转换方法组合在一起。matrix()函数包括 6 个参数 (a、b、c、d、e 和 f)。使用 matrix()函数可以灵活地实现元素缩放、旋转、倾斜以及偏移。

【示例 11.27】使用 matrix()函数实现元素旋转、缩放、偏移。

新建 HTML5 页面 matrix.html，代码如下：

```
<!doctype html>
<html>
<head>
<meta charset="utf-8">
<title>使用matrix</title>
<style>
    div
    {
        position:absolute;
        top:50px;
        width:200px;
        height:100px;
        background-color:#999;
    }
    div#div2
```

```
            {
                        z-index:2;
                        background-color:#9CC;
                        //使用matrix()函数
                        transform:matrix(1,0.5,-0.5,1,40,40);
            }
</style>
</head>
<body>
    <div id="div1">div1</div>
    <div id="div2">div2</div>
</body>
</html>
```

上述代码中，定义了两个 div 元素，两个 div 背景颜色不同，并且是重合的。然后 div2 使用了 matrix 函数：

transform:matrix(1,0.5,-0.5,1,40,40);

上述代码让 div2 比例为 1∶1，大小不变，偏移 40 像素后倾斜 30°，运行结果如图 11-36 所示。

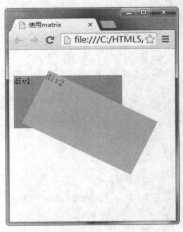

图 11-36　对象倾斜

11.6.2　平滑过渡

transition 属性呈现的是一种过渡效果、一种动画转换过程，例如渐现、渐弱、动画快慢等效果。transition 属性是一种复合属性，可以同时定义 transition-property、transition-duration、transition-delay、transtion-timing-funciton 等子属性，其子属性说明如下：

◇ transition-property：用来定义转换动画的 CSS 属性。
◇ transiton-duration：用来定义转换动画的时间长度。
◇ transition-delay：用来定义转换动画的延迟时间。
◇ transition-timing-function：用来定义过渡动画的效果。

【示例 11.28】使用过渡效果制作导航菜单。

创建 HTML 文件 transition.html，代码如下：

```
<!doctype html>
<html>
<head>
<meta http-equiv="Content-Type" content="text/html; charset=utf-8" />
<title>无标题文档</title>
<style type="text/css">
    body{
            background-image:url(images/wood-bg.jpg);
    }
```

```css
ul{
        position:absolute;
        bottom:0;
        left:50%;
        margin-left:-350px;
}
ul li{
        float:left;
        list-style:none;
        padding-left:9px;
        box-sizing:border-box;

}
ul li img{
        width:50px;
        height:50px;
        border:1px solid #9CC;
        border-radius:25px;
        /*动画过渡0.2秒并呈线性过渡*/
        transition:0.2s linear;
}

ul li img:hover{
        margin-left:7px;
        margin-right:7px;
        transform-origin:center bottom;
        transform:scale(1.5);

}
</style>
</head>
<body>
    <ul>
    <li><img src="images/image-01.jpg" /></li>
    <li><img src="images/image-02.jpg" /></li>
    <li><img src="images/image-03.jpg" /></li>
    <li><img src="images/image-04.jpg" /></li>
    <li><img src="images/image-05.jpg" /></li>
    <li><img src="images/image-06.jpg" /></li>
    <li><img src="images/image-08.jpg" /></li>
```

```
        <li><img src="images/image-09.jpg" /></li>
        <li><img src="images/image-10.jpg" /></li>
        <li><img src="images/image-11.jpg" /></li>
    </ul>
</body>
</html>
```

上述代码中，当鼠标移动到 img 元素上面时，图标向上放大 1.5 倍，并且动画过渡在 0.2 秒内完成，呈线性变换。

运行结果如图 11-37 所示。

图 11-37　过渡动画效果

11.6.3　动画效果

在 CSS3 中还可以使用 animations 属性实现更为复杂的动画效果。animations 属性与 transition 属性相似，包括了 animation-name、animation-duration、animation-timing-function、animation-delay、amimation-iteration-count 等子属性。子属性说明如下：

- animation-name：用来定义动画的名称。
- animation-duration：定义动画的播放时间。
- animation-timing-function：定义动画的播放方式。
- animation-delay：定义动画的延迟时间。
- animation-iteration-count：定义动画的播放次数。

【示例 11.29】设计图片翻转特效。

创建 HTML 文件 animation.html，代码如下：

```
<!doctype html>
<html>
<head>
<meta http-equiv="Content-Type" content="text/html; charset=utf-8" />
<title>无标题文档</title>
<style type="text/css">
    div{
        width:385px;
        height:133px;
        margin:0 auto;
```

```
            background:url(images/002.jpg) center no-repeat;
            -webkit-transition-style:preserve-3d;
            /*设计沿y轴旋转、20秒线性过渡、无限次循环*/
            -webkit-animation-name:y-spin;
            -webkit-animation-duration:20s;
            -webkit-animation-iteration-count:infinite;
            -webkit-animation-timing-function:linear;
        }
        /*调用动画*/
        @-webkit-keyframes y-spin{
            0%{
                -webkit-transform:rotateY(0deg);
            }
            50%{
                -webkit-transform:rotateY(180deg);
            }
            100%{
                -webkit-transform:rotateY(360deg);
            }
        }
    </style>
</head>
<body>
    <div></div>
</body>
</html>
```

上述代码运行结果如图 11-38 所示。

图 11-38　3D 动画效果

11.7　CSS3 其他新特性

CSS3 中还增加了一些其他的效果，如通过 gradient 实现渐变背景、通过 reflections 实现倒影等。

11.7.1 渐变背景

CSS3 可以通过 gradient 属性实现如元素背景、元素边框的颜色渐变效果，极大地提高了开发效率，但是当前只有基于 Webkit 和 Gecko 引擎的浏览器支持 CSS 渐变，而且不同引擎实现渐变的语法也不同。本节主要针对 Webkit 引擎进行讲解。Webkit 引擎支持的渐变语法如下：

-webkit-gradient(<type>,<point>[,<radius>]?,<point>[,<radius>]?[,<step>]);

其参数说明如下：

- ◇ type：定义渐变类型，包括线性渐变(liner)和径向渐变(radial)。
- ◇ point：定义渐变起始点和结束点坐标。该参数支持数值、百分百和关键字。关键字包括 top、bottom、left、right。
- ◇ radius：用来设置径向渐变的长度。
- ◇ step：定义渐变色和步长。它包括三个类型值：开始的颜色，使用 from(colorvalue)函数定义；结束的颜色，使用 to(colorvalue)函数定义；颜色步长，使用 colorstop(value,color value)函数定义。

【示例 11.30】演示线性渐变。

创建 HTML 文件 gradient.html，代码如下：

```
<!doctype html>
<html>
<head>
<meta http-equiv="Content-Type" content="text/html; charset=utf-8" />
<title>无标题文档</title>
<style type="text/css">
    div{
        width:400px;
        height:200px;
        border:1px solid #9CC;
        /*设置渐变从左上到右下*/
        background:-webkit-gradient(linear,left top,right bottom,from(#FF0000),to(#00FF00));
        -webkit-background-origin:padding-box;
        -webkit-background-clip:content-box;
    }
</style>
</head>
<body>
    <div></div>
</body>
```

</html>

运行结果如图 11-39 所示。

图 11-39 渐变背景色

11.7.2 设计倒影

CSS3 新增了 CSS Reflections 模块，可设计并实现倒影效果。这种效果在以前只能通过专业软件进行设计，CSS Reflections 简化了这种操作，允许用户只使用样式就可以实现倒影效果。

Webkit 引擎定义了-webkit-box-reflect 属性，该属性能够实现倒影效果，其基本语法如下：

-webkit-box-reflect:<direction><offset><mask-box-image>;

各参数说明如下：

- ◆ direction：定义反射方向，取值包括 above、below、left 和 right。
- ◆ offset：定义反射偏移的距离。如果省略该参数值，则默认值为 0。
- ◆ mask-box-image：定义遮罩图像，该图像将覆盖倒影区域。如果省略该参数值，则默认值为无遮罩效果。

【示例 11.31】演示图像倒影效果。

创建 HTML 文件 reflect.html，代码如下：

```
<!doctype html>
<html>
<head>
<meta http-equiv="Content-Type" content="text/html; charset=utf-8" />
<title>无标题文档</title>
<style type="text/css">
    img{
        width:500px;
        height:200px;
        border:1px solid #9CC;
        /*定义倒影*/
        -webkit-box-reflect:below 5px
        -webkit-gradient(linear,left top,left bottom,
```

```
                        from(transparent),color-stop(0.2,transparent),to(white));
        }
</style>
</head>
<body>
        <img src="images/img10.jpg" />
</body>
</html>
```

上述代码中，-webkit-box-reflect:below 5px 表示倒影在图像的下方并且距离原图像 5 像素，-webkit-gradient 表示遮罩的效果采用渐变颜色来完成。运行结果如图 11-40 所示。

图 11-40　倒影效果

本 章 小 结

通过本章学习，读者应该掌握：
- ◇ CSS3 中的多种选择器。
- ◇ 设计多色边框、背景、圆角、阴影等效果的方法。
- ◇ 设计多列布局的方法。
- ◇ 用户界面的一些新特性。
- ◇ 使用 CSS3 实现动画效果的方法。

本 章 练 习

1．CSS3 属性选择器包括哪几种？
2．把边框设为圆角使用哪个属性？
3．CSS3 新增了哪几个与背景相关的属性？
4．如何使用盒模型设置元素？
5．平滑过渡属性有哪几个函数？如何使用？

实践篇

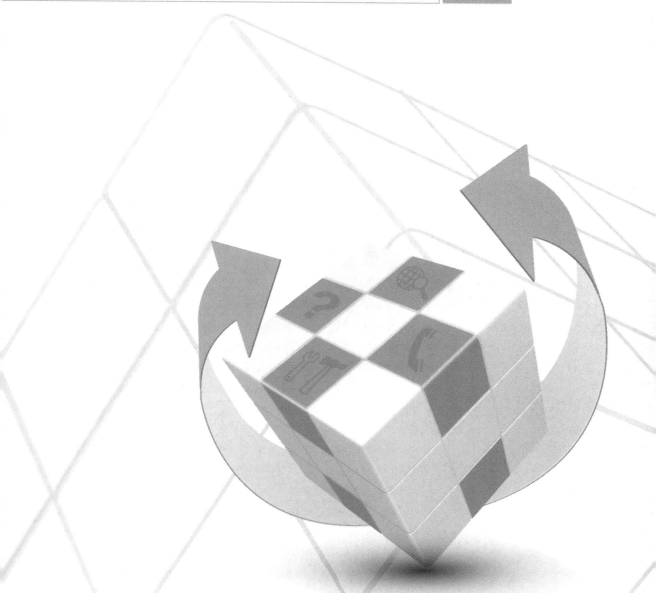

实践 1　HTML5 布局

实践 1　HTML5 布局

实践 1.1

使用 Adobe Dreamweaver CS6 搭建项目架构。

【分析】

(1) 使用 Dreamweaver 创建站点。

(2) 创建项目所需文件夹及文件。

【参考解决方案】

1．创建站点

(1) 打开 Dreamweaver，单击"站点"菜单，选择"新建站点"命令，如图 S1-1 所示。

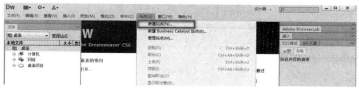

图 S1-1　使用 Dreamweaver 新建站点

(2) 在弹出的"站点设置对象 HTML5"对话框中填写站点名称，并指定站点文件夹，单击"保存"按钮，如图 S1-2 所示。

(3) 完成站点的创建后，界面如图 S1-3 所示。

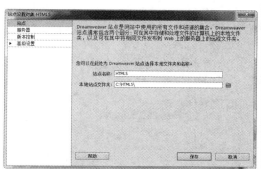

图 S1-2　设置站点对象

图 S1-3　HTML5 站点示例

2. 搭建项目架构

(1) 在左侧文件窗格中，用鼠标右键单击站点节点，在弹出的菜单中选择"新建文件夹"命令，如图 S1-4 所示。

图 S1-4 新建文件夹

(2) 新建文件夹后，输入文件夹名称"ph01"，如图 S1-5 所示。

图 S1-5 新建 ph01 文件夹

(3) 以同样的操作方法，创建其他文件夹，项目架构如图 S1-6 所示。

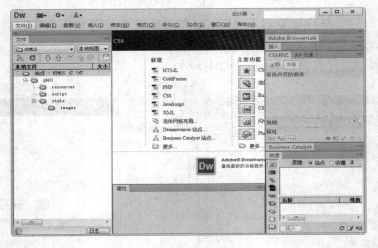

图 S1-6 站点结构

实践 1.2

创建项目首页并进行布局。

【分析】

(1) 创建 HTML5 网页。

(2) 进行首页页面布局。

【参考解决方案】

1. 创建 HTML5 网页

(1) 第一次创建 HTML5 网页，选择"文件"→"新建"命令，打开"新建文档"对话框，如图 S1-7 所示。

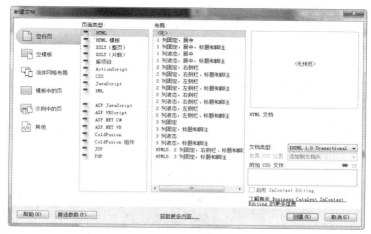

图 S1-7　创建 HTML5 网页

(2) 在"新建文档"对话框中，选择"空白页"，页面类型选择"HTML"，文档类型选择"HTML 5"，如图 S1-8 所示。

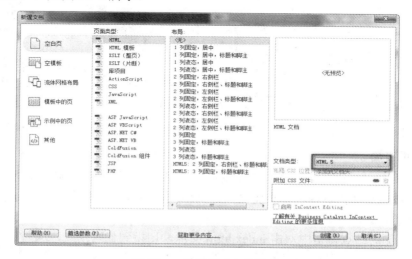

图 S1-8　选择新建文件类型

(3) 单击"创建"按钮后，建立一个新文件，这时的网页文件为编辑状态，默认名称为"Untitled-1"，如图 S1-9 所示。

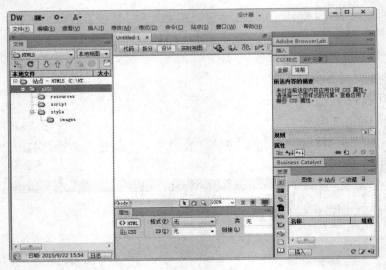

图 S1-9　新建的 HTML5 文档

(4) 在当前界面中，单击"文件→"保存"命令，弹出"另存为"对话框，输入文件名"index.html"，则创建首页成功，如图 S1-10 所示。

(5) 首页文件将出现在站点文件夹下，结果如图 S1-11 所示。

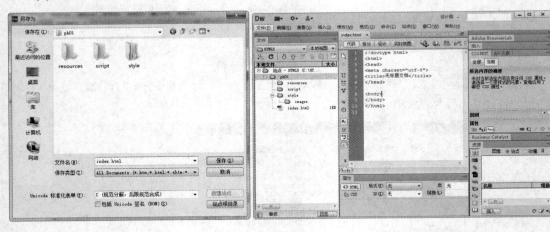

图 S1-10　保存 HTML5 文档　　　　　　图 S1-11　HTML5 空文档代码

2. 首页布局

站点首页布局，设计如图 S1-12 所示。从上到下分为四个区域，分别是页面头部区域、导航区域、页面内容区域和页脚区域。其中页面内容分为左右两个部分，左侧展示内容，右侧显示相关信息。

(1) 在左侧的站点窗格中双击 index.html 文件，切换到代码模式，编写代码如下：

```
<!doctype html>
```

```
<html>
<head>
<meta charset="utf-8">
<title>首页</title>
</head>
<body>
    <header></header>
    <nav></nav>
    <div id="mainContent">
        <div id="left">
            <section></section>
            <section></section>
        </div>
        <div id="right">
            <aside></aside>
            <aside></aside>
            <aside></aside>
        </div>
    </div>
    <footer></footer>
</body>
</html>
```

上述代码按照布局结构图进行了布局，确立了首页的大体框架结构。

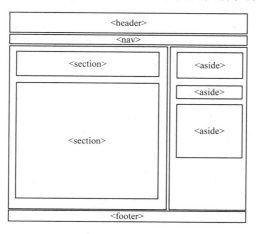

图 S1-12　首页布局

(2) 页面头部显示网站 logo 和登录、注册链接，代码如下：

```
<!doctype html>
<html>
<head>
```

```
<meta charset="utf-8">
<title>首页</title>
<style>
    body{
        font-size:14px;
        font-family:"Times New Roman", Times, serif;
        margin:0;
        padding:0;
    }
    a{
        color:#333;
        text-decoration:none;
    }
    h4{
        color:#666666;
    }
    /*头部相关*/
    nav,header,footer,#mainContent{
        clear:both;
        width:1000px;
        margin:0 auto;
    }
    header div img{
        float:left;
    }
    #hdes{
        float:left;
        font-family:Arial, Helvetica, sans-serif;
        font-size:30px;
        color:black;
        font-weight:bold;
    }
    #hlogin{
        margin-top:50px;
        float:right;
    }
</style>
</head>
<body>
    <header>
```

实践1　HTML5布局

```
        <div>
                <img src="style/images/logo.png"/>
            <p id="hdes">HTML5+CSS3</p>
            <p id="hlogin">
                <a href="index.html" target="_parent">登录</a>
                <a href="register.html" target="_parent">注册</a>
            </p>
        </div>
    </header>
    <nav></nav>
    <div id="mainContent">
        <div id="left">
            <section></section>
            <section></section>
        </div>
        <div id="right">
            <aside></aside>
            <aside></aside>
            <aside></aside>
        </div>
    </div>
        <footer></footer>
</body>
</html>
```

上述代码通过编写样式表美化页面，运行结果如图 S1-13 所示。

图 S1-13　页面头部效果

(3) 制作导航，编写代码如下：

```
<nav>
    <ul>
        <li><a href="index.html" target="_parent">首页</a></li>
        <li><a href="wonderfulLife.html" target="_parent">精彩视频</a></li>
        <li><a href="articlePub.html" target="_parent">文章发布</a></li>
    </ul>
</nav>
```

添加样式表，代码如下：

```css
/*导航相关*/
nav{
    clear:both;
}

nav ul{
    list-style:none;
    background-color:#666666;
    height:30px;
    padding-left:0px;
    color:#FFFFFF;
}

nav ul li{

    width:80px;
    float:left;
    line-height:30px;
    text-align:center;
}
/*制作移动效果*/
nav ul li:hover{
    background:#333333;
    cursor:pointer;
}

nav ul li a{
    color:#FFF;
    text-decoration:none;
}
```

添加页面导航后，运行结果如图 S1-14 所示。

图 S1-14　页面导航

(4) 添加网页内容区域左侧部分，修改代码如下：

```html
<div id="left">
 <section>
     <img src="style/images/animate1.jpg" />
 </section>
 <section id="bottom">
     <header>最新精彩内容</header>
     <figure>
         <a href="graffiWall.html"><img src="style/images/pic1.png"/></a>
         <figcaption>
             <h3><a href="graffiWall.html">漂亮的涂鸦墙</a></h3>
             <p>CSS3所提供的动画功能，主要包括变形、转换和动画技术。
             变形是最基本的动画形式，它主要通过CSS控制元素样式属性值的变化来实现</p>
         </figcaption>
     </figure>
     <figure>
         <a href="reflection.html"><img src="style/images/reflection.jpg"/>
         </a>
         <figcaption>
             <h3><a href="reflection.html">美丽的倒影</a></h3>
             <p>CSS3新增了CSS Reflections模块，运行CSS设计倒影效果，
             这种效果在以前只能通过图片软件进行设计，CSS Reflections简化了这种操作，
             允许用户只使用样式就可以实现倒影效果</p>
         </figcaption>
     </figure>
     <figure>
         <a href="wonderfulLife.html"><img src="style/images/wflife.jpg"/>
         </a>
         <figcaption>
             <h3><a href="wonderfulLife.html">云计算-未来精彩生活</a></h3>
             <p>HTML5 video和audio两个元素的出现让HTML5的媒体应用多了选择，
                 开发人员不必使用插件就能播放音频和视频</p>
         </figcaption>
     </figure>
     <figure>
         <a href="scanBig.html"><img src="style/images/cover.jpg"/></a>
         <figcaption>
             <h3><a href="scanBig.html">浏览大图</a></h3>
             <p>移动浏览大图哦</p>
         </figcaption>
```

```
        </figure>
        <figure>
            <img src="style/images/reflection.jpg"/>
            <figcaption>
                <h3><a href="reflection.html">教你制作音乐播放器</a></h3>
                    <p>教你制作音乐播放器</p>
            </figcaption>
        </figure>
        <figure>
            <img src="style/images/clock.jpg"/>
            <figcaption>
                <h3><a href="reflection.html">绘制时钟</a></h3>
                    <p>教你如何绘制时钟</p>
            </figcaption>
        </figure>
    </section>
</div>
```

上述代码中，使用<figure>标签来实现图文排版。添加样式的代码如下：

```
/*左侧*/
#left{
width:700px;
float:left;
}
#right{
        width:300px;
        float:left;
}
#left section:nth-child(1) img{
        width:680px;
        height:300px;
}
/*左侧下部*/

#bottom{
}
#bottom header{
        padding:10px;
}
#bottom figure{
        width:640px;
```

```
        height:150px;
}
#bottom figure img{
        clear:both;
        width:200px;
        height:150px;
        float:left;
        margin-left:-20px;
        margin-right:10px;
}
#bottom figure figcaption{
        width:400px;
        height:150px;
        float:left;
}
```

运行结果如图 S1-15 所示。

图 S1-15　添加内容区域后的运行效果

(5) 添加网页内容区右侧部分，代码如下：

```
<div id="right">
    <form>
    <aside>
        <header>
```

```
            <h1>登录</h1>
            <p>请准确填写个人信息</p>
        </header>
        <div id="login">
            <label>用户名：</label>
            <input name="userName" id="userName" type="text"/>
            <label>密码：</label>
            <input name="password" id="password" type="password"/>
            <input type="button" value="登录" onClick="Login()"/>
        </div>
    </aside>
</form>
<aside id="hotNews">
    <header><h3>热点文章</h3></header>
    <ul>
        <li><a href="#">网易高管解读第一季度财报：手游营收占比20%</a></li>
        <li><a href="#">昆山建成省内首家市场主体登记信息互联互通平台</a></li>
        <li><a href="#">中国电信发布"互联网"行动白皮书</a></li>
        <li><a href="#">"当日达"之后快递业又推"次晨达"</a></li>
        <li><a href="#">乐视再起诉暴风科技盗播 暴风科技将乘法级增长</a></li>
        <li><a href="#">韩日外交紧张 三星或在日本弃用"Samsung"品牌名</a></li>
    </ul>
</aside>
</div>
```

上述代码中，使用<aside>标签来制作侧边栏。添加样式，代码如下：

```
/*右侧*/
#right aside{
    width:270px;
    height:300px;
    border:1px solid #999;
    padding:15px;
    margin-top:15px;
}
#right h1{
    font-size:16px;
    font-weight:bold;
    margin-bottom:8px;
}
#right form p{
    font-size:12px;
```

```css
        margin-bottom:20px;
        width:270px;
        border-bottom:1px solid #b7ddf2;
        padding-bottom:10px;
}
#right aside:nth-child(1){
        height:250px;
}
/*登录相关*/
#login label{
        display:block;
        width:60px;
        text-align:right;
        float:left;
        margin-top:10px;
        height:30px;
        padding-top:10px;
        box-sizing:border-box;
        font-size:12px;
}
#login input{
        width:200px;
        float:left;
        font-size:12px;
        border:1px solid #aacfe4;
        margin-top:10px;
        height:30px;
}
#login input[type=button]{
        margin-left:60px;
        width:125px;
        height:31px;
        background:#666666;
        line-height:31px;
        color:#FFFFFF;
        font-size:12px;
        font-weight:bold;
}
#login input:active{
        outline:thin solid #aaa;
```

```
}
/*热点新闻*/
#hotNews{
    width:300px;
    height:200px;
}
#hotNews ul li{
    height:35px;
    padding-bottom:10px;
    box-sizing:border-box;
    margin-left:-25px;
    font-size:13px;
}
```

页面运行结果如图 S1-16 所示。

图 S1-16　添加右侧内容区域后的显示效果

制作底部，修改代码如下：

```
<footer>
    <p>©2015　青岛誉金电子科技有限公司　版权所有</p>
</footer>
```

添加对于<footer>的样式代码如下：

```
footer{
    text-align:center;
}
footer p{
```

```
        clear:left;
        background:#999999;
        height:30px;
        line-height:30px;
}
```

index.html 页面完整代码如下：

```
<!doctype html>
<html>
<head>
<meta charset="utf-8">
<title>首页</title>
<style>
    body{
            font-size:14px;
            font-family:"Times New Roman", Times, serif;
            margin:0;
            padding:0;
    }
    a{
            color:#333;
            text-decoration:none;
    }
    h4{
            color:#666666;
    }
    /*头部相关*/
    nav,header,footer,#mainContent{
            clear:both;
            width:1000px;
            margin:0 auto;
    }
    header div img{
            float:left;
    }
    #hdes{
            float:left;
            font-family:Arial, Helvetica, sans-serif;
            font-size:30px;
            color:black;
```

```css
        font-weight:bold;
}
#hlogin{
        margin-top:50px;
        float:right;
}
/*导航相关*/
nav{
        clear:both;
}
nav ul{
        list-style:none;
        background-color:#666666;
        height:30px;
        padding-left:0px;
        color:#FFFFFF;
}
nav ul li{

        width:80px;
        float:left;
        line-height:30px;
        text-align:center;
}
nav ul li a{
        color:#FFF;
        text-decoration:none;
}
/*左侧*/
#left{
        width:700px;
        float:left;
}
#right{
        width:300px;
        float:left;
}
#left section:nth-child(1) img{
        width:680px;
        height:300px;
```

```css
}
/*左侧下部*/
#bottom{
}
#bottom header{
        padding:10px;
}
#bottom figure{
        width:640px;
        height:150px;
}
#bottom figure img{
        clear:both;
        width:200px;
        height:150px;
        float:left;
        margin-left:-20px;
        margin-right:10px;
}
#bottom figure figcaption{
        width:400px;
        height:150px;
        float:left;
}
/*右侧*/
#right aside{
        width:270px;
        height:300px;
        border:1px solid #999;
        padding:15px;
        margin-top:15px;
}
#right h1{
        font-size:16px;
        font-weight:bold;
        margin-bottom:8px;
}
#right form p{
        font-size:12px;
        margin-bottom:20px;
```

```css
        width:270px;
        border-bottom:1px solid #b7ddf2;
        padding-bottom:10px;
}
#right aside:nth-child(1){
        height:250px;
}
/*登录相关*/
#login label{
        display:block;
        width:60px;
        text-align:right;
        float:left;
        margin-top:10px;
        height:30px;
        padding-top:10px;
        box-sizing:border-box;
        font-size:12px;
}
#login input{
        width:200px;
        float:left;
        font-size:12px;
        border:1px solid #aacfe4;
        margin-top:10px;
        height:30px;
}
#login input[type=button]{
        margin-left:60px;
        width:125px;
        height:31px;
        background:#666666;
        line-height:31px;
        color:#FFFFFF;
        font-size:12px;
        font-weight:bold;
}
#login input:active{
        outline:thin solid #aaa;
}
```

```css
/*热点新闻*/
#hotNews{
        width:300px;
        height:200px;
}
#hotNews ul li{
        height:35px;
        padding-bottom:10px;
        box-sizing:border-box;
        margin-left:-25px;
        font-size:13px;
}
footer{
        text-align:center;
}
footer p{
        clear:left;
        background:#999999;
        height:30px;
        line-height:30px;
}
</style>
</head>
<body>
    <header>
        <div>
            <img src="style/images/logo.png"/>
            <p id="hdes">HTML5+CSS3</p>
            <p id="hlogin">
                <a href="index.html" target="_parent">登录</a>
                <a href="register.html" target="_parent">注册</a>
            </p>
        </div>
    </header>
    <nav>
        <ul>
            <li><a href="index.html" target="_parent">首页</a></li>
            <li><a href="wonderfulLife.html" target="_parent">精彩视频
            </a></li>
            <li><a href="articlePub.html" target="_parent">文章发布</a></li>
```

```html
            </ul>
        </nav>
        <div id="mainContent">
            <div id="left">
                <section>
                    <img src="style/images/animate1.jpg" />
                </section>
                <section id="bottom">
                    <header>最新精彩内容</header>
                    <figure>
                        <a href="graffiWall.html">
                            <img src="style/images/pic1.png"/></a>
                        <figcaption>
                            <h3><a href="graffiWall.html">漂亮的涂鸦墙</a></h3>
                            <p>CSS3所提供的动画功能，主要包括变形、转换和动画技术。变形是最基本的
                                动画形式，它主要通过CSS控制元素样式属性值的变化来实现</p>
                        </figcaption>
                    </figure>
                    <figure>
                        <a href="reflection.html">
                            <img src="style/images/reflection.jpg"/>
                        </a>
                        <figcaption>
                            <h3><a href="reflection.html">美丽的倒影</a></h3>
                            <p>CSS3新增了CSS Reflections模块，运行CSS设计倒影效果，
                                这种效果在以前只能通过图片软件进行设计，CSS Reflections
                                简化了这种操作，允许用户只使用样式就可以实现倒影效果</p>
                        </figcaption>
                    </figure>
                    <figure>
                        <a href="wonderfulLife.html">
                        <img src="style/images/wflife.jpg"/></a>
                        <figcaption>
                            <h3><a href="wonderfulLife.html">云计算-未来精彩生活
                                </a></h3>
                            <p>HTML5 video和audio两个元素的出现让HTML5的媒体应用多了
                                选择，开发人员不必使用插件就能播放音频和视频</p>
                        </figcaption>
                    </figure>
                    <figure>
```

```html
                    <a href="scanBig.html">
                        <img src="style/images/cover.jpg"/></a>
                    <figcaption>
                            <h3><a href="scanBig.html">浏览大图</a></h3>
                            <p>移动浏览大图哦</p>
                    </figcaption>
                </figure>
                <figure>
                        <img src="style/images/reflection.jpg"/>
                    <figcaption>
                            <h3><a href="reflection.html">教你制作音乐播放器</a></h3>
                            <p>教你制作音乐播放器</p>
                    </figcaption>
                </figure>
                <figure>
                        <img src="style/images/clock.jpg"/>
                    <figcaption>
                            <h3><a href="reflection.html">绘制时钟</a></h3>
                            <p>教你如何绘制时钟</p>
                    </figcaption>
                </figure>
            </section>
</div>
<div id="right">
        <form>
        <aside>
        <header>
                <h1>登录</h1>
                <p>请准确填写个人信息</p>
        </header>
        <div id="login">
                <label>用户名：</label>
                <input name="userName" id="userName" type="text"/>
                <label>密码：</label>
                <input name="password" id="password" type="password"/>
                <input type="button" value="登录" onClick="Login()"/>
        </div>
        </aside>
        </form>
        <aside id="hotNews">
```

```html
            <header><h3>热点文章</h3></header>
            <ul>
                <li><a href="#">网易高管解读第一季度财报：手游营收占比20%</a>
                </li>
                <li><a href="#">昆山建成省内首家市场主体登记信息互联互通平台</a>
                </li>
                <li><a href="#">中国电信发布"互联网"行动白皮书</a></li>
                <li><a href="#">"当日达"之后快递业又推"次晨达"</a></li>
                <li><a href="#">乐视再起诉暴风科技盗播 暴风科技将乘法级增长</a>
                </li>
                <li><a href="#">韩日外交紧张 三星或在日本弃用"Samsung"品牌名</a>
                </li>
            </ul>
        </aside>
    </div>
</div>
<footer>
    <p>©2015  青岛誉金电子科技有限公司    版权所有</p>
</footer>
</body>
</html>
```

拓展练习

使用 HTML5 布局并制作一个注册页面，效果如图 S1-17 所示。

图 S1-17 用户注册页面

实践 2 HTML5 表单

实 践 2.1

在实践 1 拓展练习的基础上，使用 HTML5 的表单域重构用户注册页面。

【分析】

(1) 使用 HTML5 表单域重构注册页面。
(2) 利用 HTML5 表单域验证对用户输入信息进行校验。

【参考解决方案】

1. 创建注册页面

(1) 在站点上单击鼠标右键，在弹出的菜单中选择"新建文件夹"命令，如图 S2-1 所示。

(2) 将新建的文件夹命名为"ph02"，如图 S2-2 所示。

图 S2-1 新建项目文件夹　　　　图 S2-2 ph02 文件夹

(3) 拷贝 ph01 文件夹下的所有文件到 ph02 文件夹中，如图 S2-3 所示。

(4) 在 ph02 文件夹上单击鼠标右键，新建一个文件，命名为"register.html"，如图 S2-4 所示。

图 S2-3　拷贝文件到 ph02

图 S2-4　创建 register.html

2．编写表单验证

（1）为了减少重复的代码，把"index.html"的 <header> 和 <footer> 部分分别做成 "header.html"页面和"footer.html"页面。新建"header.html"并拷贝代码如下：

```
<!DOCTYPE HTML>
<html>
<head>
<meta charset="utf-8">
<title>无标题文档</title>
<style>
    body{

        font-size:14px;
        font-family:"Trebuchet MS", Arial, Helvetica, sans-serif;
    }
    /*头部相关*/
    nav,header,footer,#mainContent{
        clear:both;
        width:1000px;
        margin:0 auto;
    }
    header div img{
        float:left;
    }
    #hdes{
        float:left;
        font-family:Arial, Helvetica, sans-serif;
        font-size:30px;
        color:black;
        font-weight:bold;
    }
```

```css
#hlogin{
        margin-top:50px;
        float:right;
}
/*导航相关*/
nav{
        clear:both;
}
nav ul{
        list-style:none;
        background-color:#666666;
        height:30px;
        padding-left:0px;
        color:#FFFFFF;
}
nav ul li{

        width:80px;
        float:left;
        line-height:30px;
        text-align:center;
}
nav ul li a{
        color:#FFF;
        text-decoration:none;
}
</style>
</head>
<body>
    <header>
    <div>
            <img src="style/images/logo.png"/>
        <p id="hdes">HTML5+CSS3</p>
        <p id="hlogin">
            <a href="index.html" target="_parent">登录</a>
            <a href="register.html" target="_parent">注册</a>
        </p>
    </div>
    </header>
    <nav>
```

```html
        <ul>
            <li><a href="index.html" target="_parent">首页</a></li>
            <li><a href="wonderfulLife.html" target="_parent">精彩视频</a>
            </li>
            <li><a href="articlePub.html" target="_parent">文章发布</a></li>
        </ul>
    </nav>
</body>
</html>
```

新建"footer.html"并拷贝代码如下：

```html
<!doctype html>
<html>
<head>
<meta charset="utf-8">
<title>无标题文档</title>
<style>
    body{
        font-size:14px;
        font-family:"Trebuchet MS", Arial, Helvetica, sans-serif;
    }
    footer{
        text-align:center;
        clear:both;
        width:1000px;
        margin:0 auto;
    }
    footer p{
        clear:left;
        background:#999999;
        height:30px;
        line-height:30px;
    }
</style>
</head>
<body>
    <footer>
        <p>©2015 青岛誉金电子科技有限公司 版权所有</p>
    </footer>
</body>
</html>
```

(2) 使用<iframe>标签把"header.html"和"footer.html"嵌入到"register.html"页面中，代码如下：

```html
<!doctype html>
<html>
<head>
<meta charset="utf-8">
<title>用户注册</title>
<style>
    .header,.footer{
    margin:0 auto;
    width:1000px;
    }
</style>
</head>
<body>
    <div class="header">
    <iframe src="header.html" width="1000" height="145" marginheight="0"
        marginwidth="0" frameborder="0"></iframe>
    </div>
    <section id="rigister">
    </section>
    <div class="footer">
    <iframe src="footer.html" width="1000" height="100" marginheight="0"
        marginwidth="0" frameborder="0"></iframe>
    </div>
</body>
</html>
```

页面运行结果如图 S2-5 所示。

图 S2-5　包含页头和页尾信息的空白页面

(3) 编写注册页面内容，代码如下：

```html
<!doctype html>
<html>
<head>
<meta charset="utf-8">
<title>用户注册</title>
<style>
    .header,.footer{
        margin:0 auto;
        width:1000px;
    }
    body{
        background:#ffffff;
        color:#111111;
        font-family:Georgia, "Times New Roman", Times, serif;
    }

    html,body,h1,form,fieldset,legend,ol,li{
        margin:0;
        padding:0;
    }
    form{
        -webkit-border-radius:5px;
        border-radius:5px;
        padding:20px;
        width:400px;
        margin:0 auto;
    }
    form fieldset{
        border:none;
        margin-bottom:10px;
    }
    form legend{
        color:#666666;
        font-size:16px;
        font-weight:bold;
        padding-bottom:10px;
        text-shadow:0 1px 1px #c0d576;
    }
    form ol li{
        background:#b9cf6a;
```

```css
        background:rgba(255,255,255,0.3);
        border-color:#e3ebc3;
        border-color:rgba(255,255,255,0.6);
        border-style:solid;
        border-width:2px;
        -webkit-border-radius:5px;
        line-height:30px;
        list-style:none;
        padding:5px 10px;
        margin-bottom:2px;
}
form label{
        float:left;
        font-size:13px;
        width:110px;
}
form input:not([type=radio]){
        background:#ffffff;
        border:1px solid #FC3;
        -webkit-border-radius:3px;
        font:italic 13px Georgia, "Times New Roman", Times, serif;
        outline:none;
        padding:5px;
        width:200px;
}
form input:not([type=submit]):focus{
        background:#eaeaea;
        border:1px solid #F00;
}
form input[type=submit]{
        border:1px solid #996;
        width:150px;
        background:#666666;
        color:#FFFFFF;
        margin-left:120px;
}
section header{
        width:1000px;
        margin:0 auto;
        padding-left:150px;
```

```html
                font-weight:bold;
                font-size:24px;
                font-family:"华文楷体";
            }
        </style>
    </head>
    <body>
        <div class="header">
        <iframe src="header.html" width="1000" height="145" marginheight="0"
                marginwidth="0" frameborder="0"></iframe>
        </div>
        <section id="rigister">
            <header>用户注册</header>
            <form>
                <fieldset>
                    <legend>用户信息</legend>
                    <ol>
                        <li>
                            <label for="name">用户名：</label>
                            <input id="name" name="name" type="text" required
                                autofocus placeholder="请输入用户名"/>
                        </li>
                        <li>
                            <label for="password">密码：</label>
                            <input id="password" name="password" type="password"
                                required placeholder="请输入密码"/>
                        </li>
                        <li>
                            <label for="name">确认密码：</label>
                            <input type="password" required
                                    placeholder="请输入确认密码"/>
                        </li>
                    </ol>
                </fieldset>
                <fieldset>
                    <legend>基本信息</legend>
                    <ol>
                        <li>
                            <label>性别：</label>
```

```html
                <input name="sex" type="radio" value="1" checked />男
                    <input name="sex" type="radio" value="2" />女
                </li>
                <li>
                    <label for="age">年龄：</label>
                    <input id="age" name="age" type="number" required />
                </li>
                <li>
                    <label for="tel">电话：</label>
                    <input id="tel" name="tel" type="tel" required/>
                </li>
                <li>
                    <label for="email">邮箱：</label>
                    <input id="email" type="email" required />
                </li>
                <li>
                    <label for="birthday">出生年月：</label>
                    <input id="birthday" type="date" required />
                </li>
                <li>
                    <label for="xueli">学历：</label>
                    <input id="xueli" type="text" required
                        list="calculator" />
                <datalist id="calculator">
                    <option value="本科">本科</option>
                    <option value="专科">专科</option>
                    <option value="硕士研究生">硕士研究生</option>
                    <option value="博士">博士</option>
                </datalist>
                </li>
            </ol>
        </fieldset>
        <fieldset>
            <input type="submit" value="提交" />
        </fieldset>
</form>
</section>
<div class="footer">
    <iframe src="footer.html" width="1000" height="100" marginheight="0"
        marginwidth="0" frameborder="0"></iframe>
```

```
        </div>
    </body>
</html>
```

完成上述代码后,页面运行结果如图 S2-6 所示。

图 S2-6 注册页面

 **拓展练习**

使用 HTML5 新增的表单域属性和 form 属性,设计一个注册页面,如图 S2-7 所示。

图 S2-7 页面效果

实践 3　HTML5 画布

实践 3.1

使用 canvas 元素绘制饼状图。

【分析】

(1) 创建 HTML canvas 元素。

(2) 绘制饼状图。

【参考解决方案】

1. 创建 HTML canvas 元素

(1) 在站点上单击鼠标右键，在弹出的菜单中选择"新建文件夹"命令，创建一个文件夹并命名为"ph03"，把 ph02 文件夹中所有的文件拷贝到 ph03 中，结果如图 S3-1 所示。

图 S3-1　创建 ph03 文件夹

(2) 打开 index.html 页面，修改内容区右侧部分，代码如下：

```
<div id="right">
    <form>
    <aside>
      <header>
        <h1>登录</h1>
```

```html
            <p>请准确填写个人信息</p>
        </header>
        <div id="login">
            <label>用户名：</label>
            <input name="userName" id="userName" type="text"/>
            <label>密码：</label>
            <input name="password" id="password" type="password"/>
            <input type="button" value="登录" onClick="Login()"/>
        </div>
    </aside>
</form>
<aside id="userInfo">
    <span></span>
    <a href="javascript:void(0)">退出</a>
</aside>
<aside id="hotNews">
    <header><h3>热点文章</h3></header>
    <ul>
        <li><a href="#">网易高管解读第一季度财报：手游营收占比20%</a></li>
        <li><a href="#">昆山建成省内首家市场主体登记信息互联互通平台</a></li>
        <li><a href="#">中国电信发布"互联网﹢"行动白皮书</a></li>
        <li><a href="#">"当日达"之后快递业又推"次晨达"</a></li>
        <li><a href="#">乐视再起诉暴风科技盗播 暴风科技将乘法级增长</a></li>
        <li><a href="#">韩日外交紧张 三星或在日本弃用"Samsung"品牌名</a></li>
    </ul>
</aside>
<aside id="pie">
    <header><h3>2015中国在线学习终端选择</h3></header>
    <canvas id="canvas_circle" width="300" height="400"></canvas>
</aside>
</div>
```

上述代码中，添加了一个<aside>标签，并在其中创建了<canvas>标签，用于绘制图像。下面设置<canvas>标签的边框、高度等属性，代码如下：

```css
#pie{
    border:1px solid #999;
    height:440px;
}
#pie canvas{
    margin-left:-17px;
}
```

页面运行结果如图 S3-2 所示。

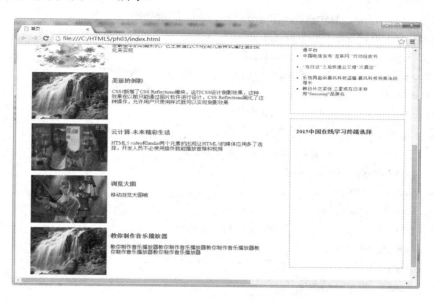

图 S3-2　添加<canvas>标签

2．绘制饼状图

创建一个 JavaScript 文件。单击"文件"→"新建"命令，在弹出的"新建文档"对话框中选择"JavaScript"页面类型，单击"创建"按钮，如图 S3-3 所示。

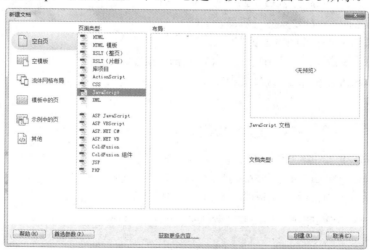

图 S3-3　新建 JavaScript 文件

保存设置<canvas>标签属性的文件到"script"文件夹下，命名为"canvasPie.js"，并编写代码如下：

```
function drawCircle(canvasId,data_arr,color_arr,text_arr){
    var c = document.getElementById(canvasId);
    var ctx = c.getContext("2d");//创建绘画对象
```

```
        var radius = c.width*0.5 - 20;//圆半径
        var ox = radius + 20,oy = radius + 20;//圆心
        var pwidth = 30,pheight = 10;//图例宽和高
        var posX = c.width*0.3,posY = c.width;//图例开始位置
        var textX = posX + pwidth + 5,textY = posY + 10;//图例文字开始位置
        var startAngle = 0;//起始弧度
        var endAngle = 0;//结束弧度
        for(var i = 0; i < data_arr.length;i++){
                endAngle = endAngle + data_arr[i]*Math.PI*2;
                ctx.fillStyle = color_arr[i];
                ctx.beginPath();
                ctx.moveTo(ox,oy);
                ctx.arc(ox,oy,radius,startAngle,endAngle,false);
                ctx.closePath();
                ctx.fill();
                startAngle = endAngle;
                //绘制图例
                ctx.fillStyle = color_arr[i];
                ctx.fillRect(posX, posY + 20 * i, pwidth, pheight);
                //绘制文字
                ctx.moveTo(posX, posY + 20 * i);
                ctx.font = 'bold 12px 微软雅黑';
                ctx.fillStyle = color_arr[i];
                var percent = text_arr[i] + ": " + 100 * data_arr[i] + "%";
                ctx.fillText(percent, textX, textY + 20 * i);
        }
}
function init(){
        var data_arr = [0.1, 0.25, 0.6, 0.05];
        var color_arr = ["#00FF21", "#FFAA00", "#00AABB", "#FF4400"];
        var text_arr = ["音频或视频播放器", "笔记本电脑", "智能手机", "电视"];
        drawCircle("canvas_circle", data_arr, color_arr, text_arr);
}
window.onload = init;
```

上述代码定义了两个方法：drawCircle()方法，用于绘制饼状图，其所需的参数分别代表<canvas>标签的 id、数据比例数组、颜色数组、文本数组；init()方法，用来定义 darwCircle()方法所需的参数。"Window.onload=init"表示页面加载时执行 init()方法，在 init()方法中调用 drawCircle()方法。

把"canvasPie.js"文件引入到"index.html"文件，代码如下：

```
<script src="script/canvasPie.js"></script>
```

运行结果如图 S3-4 所示。

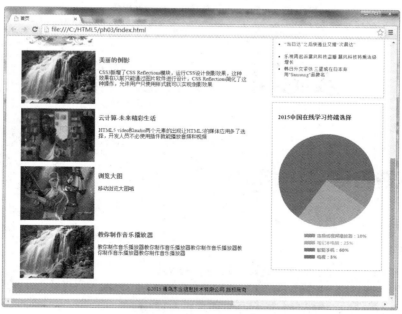

图 S3-4　绘制饼状图

拓展练习

使用 canvas 元素绘制如图 S3-5 所示的多边形。

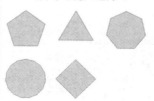

图 S3-5　多边形示例

实践 4 HTML5 拖放

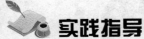

实 践 4.1

使用 HTML5 提供的拖曳功能，实现生肖排列。

【分析】

(1) 创建 HTML5 页面，包含生肖图片和目标区域。

(2) 实现拖曳效果，将生肖图片拖动到目标区域并排列。

【参考解决方案】

1. 创建 HTML 页面

在站点上单击鼠标右键，新建一个文件夹并命名为"ph04"，拷贝 ph03 文件夹下的所有文件到 ph04 文件夹中，然后在 ph04 文件夹下新建一个 HTML5 页面并命名为"drag.html"，编写代码如下：

```
<!doctype html>
<html>
<head>
<meta charset="utf-8">
<title>拖放</title>
<style>
    .header,.footer{
        margin:0 auto;
        width:1000px;
    }
    section{
        width:1000px;
        margin:0 auto;
    }
    section header{
        font-weight:bold;
        font-size:24px;
        font-family:"华文楷体";
```

```
            }
            ul#container{
                    width:900px;
                    height:350px;
                    border:1px solid #9CC;
            }
            #drag li{
                    list-style:none;
                    float:left;
                    width:123px;
                    height:120px;
                    border:1px solid #CCC;
                    margin-left:5px;
            }
</style>
</head>
<body>
    <div class="header">
    <iframe src="header.html" width="1000" height="145" marginheight="0"
            marginwidth="0" frameborder="0"></iframe>
    </div>
    <section>
        <header>按照十二生肖的顺序拖放图片到文本框</header>
        <ul id="container" >

        </ul>
    </section>
    <section>
        <ul id="drag" >
                <li ><img src="style/images/8.jpg" ></li>
                <li ><img   src="style/images/5.jpg"></li>
            <li ><img src="style/images/3.jpg"></li>
            <li ><img id="li4" draggable="true"
                    src="style/images/2.jpg"></li>
            <li ><img src="style/images/4.jpg"></li>
            <li ><img src="style/images/9.jpg"></li>
            <li ><img src="style/images/1.jpg"></li>
            <li ><img src="style/images/7.jpg"></li>
            <li ><img src="style/images/6.jpg"></li>
            <li ><img src="style/images/12.jpg"></li>
            <li ><img src="style/images/10.jpg"></li>
            <li ><img src="style/images/11.jpg"></li>
        </ul>
    </section>
```

```
        <div class="footer">
            <iframe src="footer.html" width="1000" height="100" marginheight="0" marginwidth="0" frameborder="0"></iframe>
        </div>
</body>
</html>
```

页面运行结果如图 S4-1 所示。

图 S4-1　拖曳效果页面布局

2．实现拖曳效果

(1) 要实现拖曳效果，首先要让元素属性 draggable="true"，修改生肖图片属性，代码如下：

```
<ul id="drag" >
    <li ><img id="li1" draggable="true" src="style/images/8.jpg" ></li>
    <li ><img id="li2" draggable="true"  src="style/images/5.jpg"></li>
    <li ><img id="li3" draggable="true" src="style/images/3.jpg"></li>
    <li ><img id="li4" draggable="true" src="style/images/2.jpg"></li>
    <li ><img id="li5" draggable="true" src="style/images/4.jpg"></li>
    <li ><img id="li6" draggable="true" src="style/images/9.jpg"></li>
    <li ><img id="li7" draggable="true" src="style/images/1.jpg"></li>
    <li ><img id="li8" draggable="true" src="style/images/7.jpg"></li>
    <li ><img id="li9" draggable="true" src="style/images/6.jpg"></li>
    <li ><img id="li10" draggable="true" src="style/images/12.jpg"></li>
    <li ><img id="li11" draggable="true" src="style/images/10.jpg"></li>
    <li ><img id="li12" draggable="true" src="style/images/11.jpg"></li>
</ul>
```

(2) 编写 JavaScript 代码实现拖曳功能，代码如下：

```
<script>
    function dragStart(event) {
            event.dataTransfer.setData("Text", event.target.id);
    }
    function dragEnter(event) {
            event.preventDefault();
    }
    function dragOver(event) {
            event.preventDefault();
    }
    function drop(event) {
            event.preventDefault();
            var data = event.dataTransfer.getData("Text");
            event.target.appendChild(document.getElementById(data));
    }
</script>
```

(3) 添加拖曳相关的事件处理函数，代码如下：

```
<section>
  <header>按照十二生肖的顺序拖放图片到文本框</header>
  <ul id="container" ondragover="dragOver(event)" ondrop="drop(event)"
    ondragstart="dragStart(event)">
  </ul>
</section>
<section>
  <ul id="drag" ondragstart="dragStart(event)"
    ondragover="dragOver(event)" ondrop="drop(event)">
    <li ><img id="li1" draggable="true" src="style/images/8.jpg" ></li>
    <li ><img id="li2" draggable="true"  src="style/images/5.jpg"></li>
    <li ><img id="li3" draggable="true" src="style/images/3.jpg"></li>
    <li ><img id="li4" draggable="true" src="style/images/2.jpg"></li>
    <li ><img id="li5" draggable="true" src="style/images/4.jpg"></li>
    <li ><img id="li6" draggable="true" src="style/images/9.jpg"></li>
    <li ><img id="li7" draggable="true" src="style/images/1.jpg"></li>
    <li ><img id="li8" draggable="true" src="style/images/7.jpg"></li>
    <li ><img id="li9" draggable="true" src="style/images/6.jpg"></li>
    <li ><img id="li10" draggable="true" src="style/images/12.jpg"></li>
    <li ><img id="li11" draggable="true" src="style/images/10.jpg"></li>
    <li ><img id="li12" draggable="true" src="style/images/11.jpg"></li>
  </ul>
</section>
```

页面运行效果如图 S4-2 所示，此时用户可以对图进行拖曳。

如果顺序拖错了，可以把已经拖放到大框中的元素拖放回原来的地方。完成拖放的效果如图 S4-3 所示。

图 S4-2　拖曳页面实现效果

图 S4-3　完成拖放的效果

(4) 修改 index.html 文件代码，添加正确的链接，修改代码如下：

```html
<div id="left">
    <section>
        <img src="style/images/animate1.jpg" />
    </section>
    <section id="bottom">
        <header>最新精彩内容</header>
        <figure>
            <a href="graffiWall.html">
                <img src="style/images/pic1.png" /></a>
            <figcaption>
                <h3><a href="graffiWall.html">漂亮的涂鸦墙</a></h3>
                <p>CSS3所提供的动画功能，主要包括变形、转换和动画技术。变形是最基本的
                动画形式，它主要通过CSS控制元素样式属性值的变化来实现</p>
            </figcaption>
        </figure>
        <figure>
            <a href="reflection.html">
                <img src="style/images/reflection.jpg" /></a>
            <figcaption>
                <h3><a href="reflection.html">美丽的倒影</a></h3>
                <p>CSS3新增了CSS Reflections模块，运行CSS设计倒影效果，这种效果在
                以前只能通过图片软件进行设计，CSS Reflections简化了这种操作，
                允许用户只使用样式就可以实现倒影效果</p>
            </figcaption>
        </figure>
        <figure>
```

```
            <a href="wonderfulLife.html">
                <img src="style/images/wflife.jpg"/></a>
            <figcaption>
                <h3><a href="wonderfulLife.html">云计算-未来精彩生活</a></h3>
                <p>HTML5 video和audio两个元素的出现让HTML5的媒体应用多了选择，
                开发人员不必使用插件就能播放音频和视频</p>
            </figcaption>
        </figure>
        <figure>
            <a href="scanBig.html"><img src="style/images/cover.jpg"/></a>
            <figcaption>
                <h3><a href="scanBig.html">浏览大图</a></h3>
                <p>移动浏览大图哦</p>
            </figcaption>
        </figure>
        <figure>
            <a href="drag.html"><img src="style/images/1.jpg"/></a>
            <figcaption>
                <h3><a href="drag.html">动态拖曳</a></h3>
                <p>不使用复杂的JavaScript代码，只使用HTML5的拖放功能就可以实现
                动态拖曳效果</p>
            </figcaption>
        </figure>
    </section>
</div>
```

修改实践4.1，使拖放的图像不能重叠。

实践 5 HTML5 音频与视频

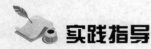 **实践指导**

实践 5.1

使用 video 元素实现视频播放功能。

【分析】

(1) 使用 HTML5 中的 video 创建视频播放页面。

(2) 实现视频切换播放。

【参考解决方案】

1. 创建视频播放页面

(1) 在站点上新建一个文件夹，命名为"ph05"，拷贝 ph04 下的所有文件到 ph05，复制视频文件到 resources 文件夹。

(2) 在 style 文件夹下新建"common.css"文件，把页面头部、底部的样式放入"common.css"文件中便于重用。"common.css"中样式代码如下：

```css
@charset "utf-8";
/* CSS Document */
body{
    background:#ffffff;
    color:#111111;
    font-family:Georgia, "Times New Roman", Times, serif;
}
.header,.footer{
    margin:0 auto;
    width:1000px;
}

#mainContent{
    width:1000px;
    margin:0 auto;
```

```
}
#left{
    width:700px;
    float:left;
}
#right{
    width:300px;
    float:left;
}
```

(3) 新建"video.html"代码如下：

```
<!DOCTYPE HTML>
<html>
<head>
<meta charset="utf-8">
<title>倒影</title>
<link rel="stylesheet" type="text/css" href="style/common.css">
<style>
        video{
            width:700px;
            height:400px;
        }
    #right section{
            clear:both;
            box-sizing:border-box;
            padding-left:15px;
        }
    #right img{
            float:left;
            width:150px;
            height:100px;
        }
    #right div{
            float:left;
            width:125px;
            padding-left:10px;
            box-sizing:border-box;
        }
    #right div header{
            font-size:14px;
            font-weight:bold;
```

```
            }
            #right a{
                    color:#000;
            }
    </style>
    </head>

    <body>
        <div class="header">
        <iframe src="header.html" width="1000" height="145" marginheight="0" marginwidth="0" frameborder="0"></iframe>
        </div>
            <div id="mainContent">
            <div id="left">
                    <p id="videotitle">云计算-未来精彩生活</p>
                    <video id="myVideo" controls autoplay>
                    <source src="resources/wonderfullife.mp4" type="video/mp4" />
                </video>
            </div>
            <div id="right">
                    <section>
                    <img src="style/images/wflife.jpg" />
                    <div>
                            <header><a href="javascript:void(0)"
                                dir="wonderfullife.mp4">云计算-未来精彩生活</a></header>
                        <p>邹明</p>
                        <p id="djl">点击量：1,000</p>
                    </div>
                    </section>
                    <section>
                    <img src="style/images/td.png" />
                    <div>
                            <header><a href="javascript:void(0)" dir="td.mp4">
                                悠悠网校宣传片</a></header>
                        <p>邹明</p>
                        <p id="djl">点击量：10,000</p>
                    </div>
                    </section>
            </div>
        </div>
```

```
</body>
</html>
```
运行结果如图 S5-1 所示。

图 S5-1　视频播放界面

2．实现视频切换播放

（1）在"video.html"中添加 JavaScript 代码如下：

```
<script src="script/jquery-1.11.3.js"></script>
<script>
    $(function(){
        //获取video对象
        var video = document.getElementById("myVideo");
        //获取source对象
        var source = document.getElementsByTagName("source");
        //绑定a标签点击事件
        $("#right a").click(function(){
            //获取a标签的dir属性，dir属性记录了视频的名字
            var name = $(this).attr("dir");
            var vediotile = $(this).html();
            //修改视频源
            source[0].src = "resources/"+name;
            $("#videotitle").html(vediotile);
            //重新加载视频
            video.load();
        });
    });
</script>
```

上述代码调用 video.load()方法实现视频重新加载播放。运行结果如图 S5-2 所示。

图 S5-2　运行结果

(2) 修改首页"index.html"文件，实现页面链接，代码如下：

```
<div id="left">
    <section>
        <img src="style/images/animate1.jpg" />
    </section>
    <section id="bottom">
        <header>最新精彩内容</header>
        <figure>
            <a href="graffiWall.html">
                img src="style/images/pic1.png"/></a>
            <figcaption>
                <h3><a href="graffiWall.html">漂亮的涂鸦墙</a></h3>
                <p>CSS3所提供的动画功能，主要包括变形、转换和动画技术。变形是最
                基本的动画形式，它主要通过CSS控制元素样式属性值的变化来实现</p>
            </figcaption>
        </figure>
        <figure>
            <a href="reflection.html">
            <img src="style/images/reflection.jpg"/></a>
            <figcaption>
                <h3><a href="reflection.html">美丽的倒影</a></h3>
                <p>CSS3新增了CSS Reflections模块，运行CSS设计倒影效果，
```

这种效果在以前只能通过图片软件进行设计，CSS Reflections简化了这种
操作，允许用户只使用样式就可以实现倒影效果</p>
            </figcaption>
        </figure>
        <figure>
            <a href="video.html">
             <img src="style/images/wflife.jpg"/></a>
            <figcaption>
                <h3><a href="video.html">精彩视频播放</a></h3>
                <p>HTML5 video和audio两个元素的出现让HTML5的媒体应用多了
                    选择，开发人员不必使用插件就能播放音频和视频</p>
            </figcaption>
        </figure>
        <figure>
            <a href="scanBig.html"><img src="style/images/cover.jpg"/></a>
            <figcaption>
                <h3><a href="scanBig.html">浏览大图</a></h3>
                <p>移动浏览大图哦</p>
            </figcaption>
        </figure>
        <figure>
            <a href="drag.html"><img src="style/images/1.jpg"/></a>
            <figcaption>
                <h3><a href="drag.html">动态拖拽</a></h3>
                <p>不使用复杂的JavaScript代码，只使用HTML5的拖放功能就可以实现
                    动态拖曳效果</p>
            </figcaption>
        </figure>
    </section>
</div>
```

## 拓展练习

使用 audio 元素设计一个漂亮的音乐播放器。
```

实践 6 HTML5 Web 存储

实践指导

实 践 6.1

实现登录操作,记录登录用户信息。

【分析】

(1) 修改首页,添加登录页面。
(2) 实现存储登录用户信息功能。
(3) 编写测试页面,测试登录用户信息是否已记录。

【参考解决方案】

1. 修改首页

在站点上新建一个文件夹,命名为"ph06",然后拷贝 ph05 文件夹下的所有文件到 ph06 文件夹中,修改"index.html",代码如下:

```
<div id="right">
    <form>
    <aside>
      <header>
          <h1>登录</h1>
          <p>请准确填写个人信息</p>
      </header>
      <div id="login">
          <label>用户名:</label>
          <input name="userName" id="userName" type="text"/>
          <label>密码:</label>
          <input name="password" id="password" type="password"/>
          <input type="button" value="登录" onClick="Login()"/>
      </div>
```

```html
    </aside>
  </form>
  <aside id="userInfo">
        <span></span>
        <a href="javascript:void(0)">退出</a>
  </aside>
  <aside id="hotNews">
    <header><h3>热点文章</h3></header>
    <ul>
        <li><a href="#">网易高管解读第一季度财报：手游营收占比20%</a></li>
        <li><a href="#">昆山建成省内首家市场主体登记信息互联互通平台</a></li>
        <li><a href="#">中国电信发布"互联网＋"行动白皮书</a></li>
        <li><a href="#">"当日达"之后快递业又推"次晨达"</a></li>
        <li><a href="#">乐视再起诉暴风科技盗播 暴风科技将乘法级增长</a></li>
        <li><a href="#">韩日外交紧张 三星或在日本弃用"Samsung"品牌名</a></li>
    </ul>
  </aside>
</div>
```

添加样式，代码如下：

```css
#userInfo{
    display:none;
    height:20px;
    border:1px solid #CCC;
    border-radius:20px;
    line-height:20px;
    text-align:center;
    font-size:14px;
    background:#CCC;
    font-family:楷体;
}
```

2. 实现用户登录并记录用户信息

修改"index.html"页面，添加脚本，代码如下：

```html
<script src="script/jquery-1.11.3.js"></script>
<script>
        //检查用户浏览器是否支持sessionStorage对象
        function IsBrowerSupport(){
            if(window.sessionStorage){
            }
```

```javascript
                else{
                        alert("您的浏览器不支持sessionStorage");
                }
        }
        //登录操作
        function Login(){
                var userName = $("#userName").val();
                var password = $("#password").val();
                //用户登录
                if("zhangsan" == userName && "123" == password){
                        window.sessionStorage.userName = "zhangsan";
                                $("#right aside:first").hide();
                                $("#userInfo").show();
                                $("#userInfo span").text("欢迎你: "+userName);
                }
        }
        //退出操作
        function Exit(){
                //清空sessionStorage对象
                window.sessionStorage.clear();
                window.location.href = "index.html";
        }
        $(function(){
                //检测是否支持sessionStorage对象
                IsBrowerSupport();
                //获取登录用户名并显示
                var userName = window.sessionStorage.userName;
                if(userName){
                        $("#userInfo span").text("欢迎你: "+userName);
                        $("#userInfo").show();
                        //首页登录模块隐藏
                        $("#right aside:first").hide();
                }
        });
</script>
```

上述代码模拟了用户 zhangsan 进行登录并使用 sessionStorage 进行存储。当退出操作时，清空 sessionStorage 中存储的值。代码如下：

```
<div id="right">
```

```html
<form>
<aside>
    <header>
        <h1>登录</h1>
        <p>请准确填写个人信息</p>
    </header>
    <div id="login">
        <label>用户名：</label>
        <input name="userName" id="userName" type="text"/>
        <label>密码：</label>
        <input name="password" id="password" type="password"/>
        <input type="button" value="登录" onClick="Login()"/>
    </div>
</aside>
</form>
<aside id="userInfo">
    <span></span>
    <a href="javascript:void(0)" onClick="Exit()">退出</a>
</aside>
<aside id="hotNews">
    <header><h3>热点文章</h3></header>
    <ul>
        <li><a href="#">网易高管解读第一季度财报：手游营收占比 20%</a></li>
        <li><a href="#">昆山建成省内首家市场主体登记信息互联互通平台</a></li>
        <li><a href="#">中国电信发布"互联网＋"行动白皮书</a></li>
        <li><a href="#">"当日达"之后快递业又推"次晨达"</a></li>
        <li><a href="#">乐视再起诉暴风科技盗播 暴风科技将乘法级增长</a></li>
        <li><a href="#">韩日外交紧张 三星或在日本弃用"Samsung"品牌名</a></li>
    </ul>
</aside>
<aside id="pie">
    <header><h3>2015 中国在线学习终端选择</h3></header>
    <canvas id="canvas_circle" width="300" height="400"></canvas>
</aside>
</div>
```

用浏览器打开首页，页面如图 S6-1 所示，用户名输入"zhangsan"，密码输入"123"。

单击"登录"按钮，系统显示当前登录用户信息，运行结果如图 S6-2 所示。

图 S6-1　首页增加登录功能

图 S6-2　登录成功后显示用户信息

3. 编写测试页面，测试登录用户信息是否已记录

(1) 新建"testLogin.html"文件，代码如下：

```
<!doctype html>
<html>
<head>
<meta charset="utf-8">
<title>无标题文档</title>
<script src="script/jquery-1.11.3.js"></script>
<script>
$(function(){
    //检测是否支持sessionStorage对象
    IsBrowerSupport();
    //获取登录用户名并显示
    var userName = window.sessionStorage.userName;
    if(userName){
        $("span").text("欢迎你： "+userName);
    }
    else{
        $("span").text("请先登录");
    }
});
function IsBrowerSupport(){
    if(window.sessionStorage){
    }
    else{
        alert("您的浏览器不支持sessionStorage");
    }
```

```
}
</script>
</head>

<body>
    <span></span>
    <br>
    <a href="index.html">返回</a>
</body>
</html>
```

(2) 修改"index.html"页面导航栏部分，添加"测试登录"导航栏，代码如下：

```
<nav>
  <ul>
    <li><a href="index.html" target="_parent">首页</a></li>
    <li><a href="video.html" target="_parent">精彩视频</a></li>
    <li><a target="_parent">文章发布</a></li>
    <li><a href="testLogin.html" target="_parent">测试登录</a></li>
  </ul>
</nav>
```

(3) 未登录时，单击测试登录，运行结果如图 S6-3 所示。

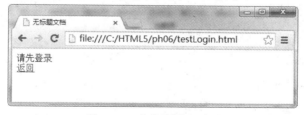

图 S6-3　未登录测试页面

(4) 返回到首页，进行登录，再单击测试登录，运行结果如图 S6-4 所示。

图 S6-4　已登录测试页面

实 践 6.2

【分析】

使用 Web SQL 数据库存储文章。

(1) 创建文章发布页面。

(2) 发布文章并将其存储到数据库。

(3) 将首页右侧热点文章修改为动态加载。

【参考解决方案】

1. 创建文章发布页面

(1) 新建 HTML5 文件 "articlePub.html" 并编写代码如下：

```html
<!doctype html>
<html>
<head>
<meta charset="utf-8">
<title>用户注册</title>
<link rel="stylesheet" type="text/css" href="style/common.css">
<style>
    html,body,h1,form,fieldset,legend,ol,li{
        margin:0;
        padding:0;
    }
    form{
        padding:20px;
        width:800px;
        margin:0 auto;
    }
    form fieldset{
        border:none;
        margin-bottom:10px;
    }
    form ol li{
        line-height:30px;
        list-style:none;
        padding:5px 10px;
        margin-bottom:2px;
    }
    form label{
        float:left;
        font-size:13px;
        width:110px;
    }
    form input[type=text]{
        padding:5px;
        width:590px;
    }
```

```css
            form textarea{
                    width:600px;
                    height:400px;
            }
            form input[type=button]{
                    border:1px solid #996;
                    width:150px;
                    height:30px;
                    background:#666666;
                    color:#FFFFFF;
                    margin-left:120px;
            }
            section header{
                    width:1000px;
                    margin:0 auto;
                    padding-left:120px;
                    font-weight:bold;
                    font-size:24px;
                    font-family:"华文楷体";
            }
</style>
</head>
<body>
    <div class="header">
    <iframe src="header.html" width="1000" height="145" marginheight="0"
            marginwidth="0" frameborder="0"></iframe>
    </div>
    <section id="rigister">
        <header>文章发布</header>
        <form>
        <fieldset>
            <legend></legend>
          <ol>
            <li>
                <label for="title">标题：</label>
                <input id="title" name="title" type="text" required
                        autofocus placeholder="请输标题"/>
            </li>
            <li>
                <label for="content">内容：</label>
```

```html
                <textarea id="content" name="content" required ></textarea>
            </li>
        </ol>
    </fieldset>
    <fieldset>
            <input type="button" value="提交"  onClick="articlePub()" />
    </fieldset>
</form>
</section>
<div class="footer">
    <iframe src="footer.html" width="1000" height="100" marginheight="0" marginwidth="0" frameborder="0"></iframe>
</div>
</body>
</html>
```

运行结果如图 S6-5 所示。

图 S6-5　文章发布界面

(2) 修改 "index.html"、"header.html" 页面导航栏，创建超链接并使之指向 "articlePub.html"。页面 "header.html" 导航栏代码如下：

```html
<nav>
    <ul>
        <li><a href="index.html" target="_parent">首页</a></li>
        <li><a href="video.html" target="_parent">精彩视频</a></li>
        <li><a href="articlePub.html" target="_parent">文章发布</a></li>
        <li><a href="testLogin.html" target="_parent">测试登录</a></li>
```

2. 发布文章并将其存储到数据库

修改"articlePub.html"页面，添加代码如下：

```html
<script src="script/jquery-1.11.3.js"></script>
<script>
    var db = openDatabase('article','1.0','article database',2*1024*1024);
    //创建表
    function createTable(){
        db.transaction(function(tx){
            tx.executeSql('create table if not exists article(id
            INTEGER PRIMARY KEY AUTOINCREMENT,title TEXT,
            content TEXT)');
        });
    }
    //发布文章
    function articlePub(){
        //deleteData();
        //deleteTable();
        var title = $("#title").val();
        var content = $("#content").val();
        if($.trim(title).length == 0 || $.trim(content).length == 0){
            alert("请输入内容！");
            return;
        }
        db.transaction(function(tx){
            tx.executeSql('insert into article(title,content)
                values (?,?)',[title,content],function(tx,rs){
                    alert('发布成功');
                    window.location.href='index.html';
                },function(tx,error){
                    alert(error.source+"=="+error.message);
                });
        });
    }
    //清空表数据
    function deleteData(){
        db.transaction(function(tx){
            tx.executeSql('delete from article',[],function(tx,rs){
                alert('数据清空');
```

```
                },function(tx,error){
                        alert(error.source+"=="+error.message);
                });
        });
    }
    //删除表
    function deleteTable(){
        db.transaction(function(tx){
            tx.executeSql('DROP TABLE article',[],function(tx,rs){
                alert('删除表成功');
            },function(tx,error){
                alert(error.source+"=="+error.message);
            });
        });
    }
    //页面加载创建表
    createTable();
</script>
```

运行结果如图 S6-6 所示。

图 S6-6　发布文章

3. 修改首页热点文章，动态加载数据

（1）新建"articlePub.js"文件，编写代码如下：

```
//加载热点文章
function showArticle(){
    db.transaction(function(tx){
        tx.executeSql('select *from article order by id desc limit 6', [],
```

```
        function(tx,rs){
            for(var i=0;i<rs.rows.length;i++){
                var row = rs.rows.item(i);
                $("#hotNews ul").append('<li><a href="#">'+row.title+' </a>
                </li>');
            }
        });
    });
}
var db = openDatabase('article','1.0','article database',2*1024*1024);
showArticle();
```

(2) 打开 "index.html" 页面，引入 "articlePub.js"，代码如下：

```
<script src="script/jquery-1.11.3.js"></script>
<script src="script/articlePub.js"></script>
```

(3) 修改 "index.html" 热点文章代码如下：

```
<aside id="hotNews">
    <header><h3>热点文章</h3></header>
    <ul>
    </ul>
</aside>
```

跳转到 "articlePub.html" 页面并发布文章，如图 S6-7 所示。

单击 "提交" 按钮，发布成功并跳转到首页，结果如图 S6-8 所示。

图 S6-7　加载数据库中的文章

图 S6-8　文章发布结果

拓展练习

使用 Web 存储技术设计一个应用程序，实现用户注册与登录功能。

实践 7 HTML5 应用程序缓存

 实践指导

实践 7.1

利用 HTML5 的应用程序缓存技术，实现首页的缓存。

【分析】

(1) 编写缓存文件。

(2) 配置服务器并实现缓存首页。

(3) 关闭服务器实现离线访问。

【参考解决方案】

1. 编写缓存文件

(1) 创建文本文件。

在站点上新建文件夹，命名为"ph07"，拷贝 ph06 文件夹下的所有文件到 ph07 文件夹中，在 ph07 下新建文本文件，代码如下：

```
CACHE MANIFEST
#version 1.0
CACHE:
index.html
style/images/logo.png
style/images/animate1.jpg
style/images/pic1.png
style/images/reflection.jpg
style/images/wflife.jpg
style/images/cover.jpg
style/images/1.jpg
```

上述代码中，"#version 1.0"代表缓存的版本，可以通过修改版本来更新缓存。"CACHE"后的文件代表要缓存的文件。

(2) 将文本文件另存为"offline.manifest"。

2. 配置服务器并实现缓存首页

本解决方案使用 Apache Tomcat 7 服务器，找到 "conf" → "web.xml" 文件并打开，添加代码如下：

```
<mime-mapping>
    <extension>manifest</extension>
    <mime-type>text/cache-manifest</mime-type>
</mime-mapping>
```

打开 "index.html" 并修改代码如下：

```
<html manifest="offline.manifest">
```

启用 Tomcat 服务器并浏览页面，如图 S7-1 所示。

图 S7-1　服务器在线时访问首页

3. 关闭服务器实现离线访问

(1) 关闭 Tomcat 服务器，访问注册页面，如图 S7-2 所示。

图 S7-2　服务器关闭时访问注册页面

(2) 访问 "index.html"，如图 S7-3 所示。

图 S7-3 服务器关闭时访问首页

通过对比图 S7-3 与图 S7-1 可以发现，使用应用程序缓存技术的页面在服务器关闭后仍旧可以正常运行，而未进行应用程序缓存的页面不能正常运行。

实 践 7.2

实现 HTML5 页面缓存更新。

【分析】

修改首页内容后，如果要浏览最新的页面内容，需要更新缓存。

【参考解决方案】

1. 修改 index.html 文件

(1) 打开"index.html"文件并修改代码如下：

```
<p id="hlogin">
    <a href="index.html" target="_parent">登录</a>
    <a href="register.html" target="_parent">注册</a>
    <a href="javascript:void(0)" onClick="refreshCache()">更新</a>
</p>
```

为了更新缓存，在头部添加了更新这个链接，并编写了单击方法"refreshCache()"。

(2) 添加内容部分，代码如下：

```
<section id="bottom">
    <header>最新精彩内容</header>
    <figure>
        <a href="graffiWall.html"><img src="style/images/pic1.png"/></a>
```

```html
    <figcaption>
        <h3><a href="graffiWall.html">漂亮的涂鸦墙</a></h3>
        <p>CSS3所提供的动画功能，主要包括变形、转换和动画技术。变形是最基本的动画形式，它主要通过CSS控制元素样式属性值的变化来实现</p>
    </figcaption>
</figure>
<figure>
    <a href="reflection.html">
    <img src="style/images/reflection.jpg"/></a>
    <figcaption>
        <h3><a href="reflection.html">美丽的倒影</a></h3>
        <p>CSS3新增了CSS Reflections模块，运行CSS设计倒影效果，这种效果在以前只能通过图片软件进行设计，CSS Reflections简化了这种操作，允许用户只使用样式就可以实现倒影效果</p>
    </figcaption>
</figure>
<figure>
    <a href="video.html"><img src="style/images/wflife.jpg"/></a>
    <figcaption>
        <h3><a href="video.html">精彩视频播放</a></h3>
        <p>HTML5 video和audio两个元素的出现让HTML5的媒体应用多了选择，开发人员不必使用插件就能播放音频和视频</p>
    </figcaption>
</figure>
<figure>
    <a href="scanBig.html"><img src="style/images/cover.jpg"/></a>
    <figcaption>
        <h3><a href="scanBig.html">浏览大图</a></h3>
        <p>移动浏览大图哦</p>
    </figcaption>
</figure>
<figure>
    <a href="drag.html"><img src="style/images/1.jpg"/></a>
    <figcaption>
        <h3><a href="drag.html">动态拖曳</a></h3>
        <p>不使用复杂的JavaScript代码，只使用HTML5的拖放功能就可以实现动态拖曳效果</p>
    </figcaption>
</figure>
<figure>
```

```
            <a href="#"><img src="style/images/audio.jpg"/></a>
            <figcaption>
                <h3><a href="drag.html">制作音乐播放器</a></h3>
                    <p>使用HTML5制作音乐播放器</p>
            </figcaption>
        </figure>
</section>
```

上述代码在最后面新增了制作音乐播放器的内容。刷新浏览器页面，运行结果如图 S7-4 所示。

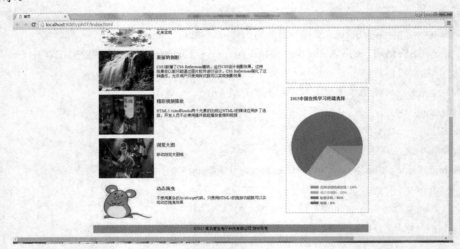

图 S7-4　刷新页面

可以看到，修改首页内容后，页面并没有更新，说明浏览器是从缓存中获取的数据。

2. 修改 offline.manifest 文件的版本号

打开服务器上的"offline.manifest"文件并修改版本号如下：

```
CACHE MANIFEST
#version 1.1
CACHE:
index.html
style/images/logo.png
style/images/animate1.jpg
style/images/pic1.png
style/images/reflection.jpg
style/images/wflife.jpg
style/images/cover.jpg
style/images/1.jpg
script/canvasPie.js
style/images/audio.jpg
```

从上述代码可以看出，版本号从"1.0"修改成了"1.1"。

实践 7　HTML5 应用程序缓存

3. 编写 JavaScript 代码实现更新缓存

打开 "index.html" 文件并添加如下代码：

```
//刷新缓存
function refreshCache(){
    cache = window.applicationCache;
    cache.update();
    if(cache.status == window.applicationCache.UPDATEREADY){
        cache.swapCache();
    }
}
```

上述代码中首先获取缓存对象 cache，然后调用 cache.update()方法尝试更新缓存，然后在缓存状态为 UPDATEREADY 时调用 cache.swapCache()方法更新缓存。

保存文件后打开浏览器，单击更新操作，然后再刷新页面，运行结果如图 S7-5 所示。

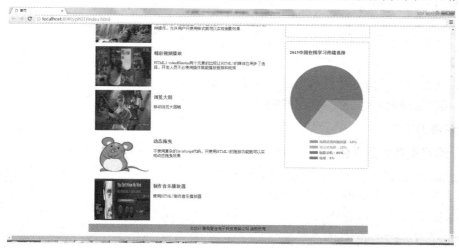

图 S7-5　应用程序缓存进行了刷新

实现对 "drag.html" 页面的缓存。

实践 8　HTML5 多线程处理

实践 8.1

使用多线程技术实现在页面上显示时间。

【分析】

(1) 修改首页页面文件,增加时间显示区域。

(2) 编写线程脚本文件,实现时间更新。

【参考解决方案】

1. 编写主页页面文件

(1) 在站点上新建一个文件夹,命名为"ph08",拷贝 ph07 文件夹中的所有文件到 ph08 文件夹中,打开 index.html 并添加代码如下:

```
<div id="right">
    <div id="ctTime"></div>
    <form>
    <aside>
        <header>
            <h1>登录</h1>
            <p>请准确填写个人信息</p>
        </header>
        <div id="login">
            <label>用户名:</label>
            <input name="userName" id="userName" type="text"/>
            <label>密码:</label>
            <input name="password" id="password" type="password"/>
            <input type="button" value="登录" onClick="Login()"/>
        </div>
    </aside>
```

```
        </form>
        <aside id="userInfo">
            <span></span>
            <a href="javascript:void(0)" onClick="Exit()">退出</a>
        </aside>
        <aside id="hotNews">
            <header><h3>热点文章</h3></header>
            <ul>
            </ul>
        </aside>
        <aside id="pie">
            <header><h3>2015 中国在线学习终端选择</h3></header>
            <canvas id="canvas_circle" width="300" height="400"></canvas>
        </aside>
</div>
```

上述代码中添加了一个 div 元素用来显示当前时间。

(2) 编写 JavaScript 脚本，代码如下：

```
var worker = new Worker("script/worker.js");
worker.postMessage(1);
worker.onmessage=function(e){
    var dt = e.data;
    var time = "当前时间：" +
    dt.getHours()+":"+dt.getMinutes()+":"+dt.getSeconds();
    document.getElementById("ctTime").innerHTML = time;
}
```

上述代码创建了线程对象 worker，页面加载时该对象向线程脚本文件发送消息，并且接收线程文件返回的时间并进行格式化输出。

2．编写线程脚本文件

在 script 文件夹下新建 JavaScript 脚本文件"worker.js"，并编写代码如下：

```
onmessage = function(e){
    setInterval(getCTDate,1000);
}
function getCTDate(){
    var dt = new Date();
    postMessage(dt);
}
```

使用 HTML5 多线程必须将网站部署在服务器上才可以运行，运行结果如图 S8-1 所示。

图 S8-1 在页面中显示时间

实 践 8.2

使用 HTML5 多线程技术实现打字效果功能。

【分析】

(1) 增加页面，用于展现打字效果。

(2) 编写多线程脚本文件。

【参考解决方案】

1. 编写主页面

新建 HTML5 文件"webworker.html"，并编写代码如下：

```
<!doctype html>
<html>
<head>
<meta charset="utf-8">
<title>聆听</title>
<style>
    .header,.footer{
        margin:0 auto;
        width:1000px;
    }
    section{
```

```
                width:1000px;
                margin:0 auto;
            }
            section header{
                font-weight:bold;
                font-size:24px;
                font-family:"华文楷体";
            }
            #contentDiv{
                text-indent:2em;
            }
    </style>
    </head>
    <body>
        <div class="header">
        <iframe src="header.html" width="1000" height="145" marginheight="0"
            marginwidth="0" frameborder="0"></iframe>
       </div>
       <section>
            <header>聆听</header>
            <div id="contentDiv"></div>
       <div class="footer">
            <iframe src="footer.html" width="1000" height="100" marginheight="0"
                marginwidth="0" frameborder="0"></iframe>
        </div>
    </body>
</html>
```

上述代码运行结果如图 S8-2 所示。

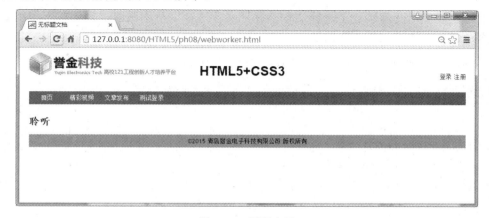

图 S8-2　页面布局

2. 编写多线程脚本文件

在 script 文件夹下新建 JavaScript 文件 "write.js"，代码如下：

```javascript
var word = "童年的记忆，犹如夜幕降临前，村庄深处升起的缕缕炊烟，尽显散乱。和孩子的顽皮如出一辙。村里的路很平直，却在雨天很泥泞，蹒跚的大脚印后面总跟着歪斜的小脚印。我如此地依赖前面牵我手的人，是因为我被撂给了奶奶，一直都是和奶奶一起住。在每个傍晚或早晨的时候，我都会格外地期待，以一个孩子清澈的目光注视着路口，期待是否有你到来的身影。足够小，以至于对你的期待远远低于你包里那糖的诱惑。是红色双'喜'字的袋子，硬糖，很甜。印象中就是这样的。总是很希望你能多来几回，每次都有很多很多的糖可以让我在邻家孩子面前炫耀。尽管他吃的是在那样一个年代，那样一个村庄，显得格外奢侈的'喔喔'，但那时你给我的依旧是很甜很甜的童年。最让我现在引以为豪的是，和他玩糖纸的时候，我总是很'争气'地把他的喔喔赢完……这确实是一件让现在愉悦的回忆，只可惜现在的我们见面都只是笑笑而已，都不在了。";
var wordArray = new Array();
var i = 0;
onmessage = function(e){
    wordArray = new Array();
    for(var i = 0;i<word.length;i++){
        var w = word.substr(i,1);
        wordArray[i] = w;
    }
    setInterval(writeWord,500);
}
function writeWord(){
    postMessage(wordArray[i]);
    i++;
    if(i == wordArray.length){
        close();
    }
}
```

上述代码中用变量装载了一篇文章，并把文章进行字符串截取，之后放入数组中，然后每次发送一个文字到浏览器前端。

3. 修改 webworker.html 文件，添加 JavaScript 代码

```html
<script src="script/jquery-1.11.3.js"></script>
<script>
    var worker = new Worker("script/write.js");
    worker.postMessage(1);
    worker.onmessage=function(e){
        $("#contentDiv").append('<font face="华为行楷" color="#0099FF" size="+1">'+e.data+'</font>');
    }
```

```
</script>
```

上述代码接收从多线程脚本文件中发送的数据并将其追加到容器中。

4．修改 index.html 页面完成链接

打开"index.html"文件并修改代码如下：

```html
<section id="bottom">
    <header>最新精彩内容</header>
    <figure>
        <a href="graffiWall.html"><img src="style/images/pic1.png"/></a>
        <figcaption>
            <h3><a href="graffiWall.html">漂亮的涂鸦墙</a></h3>
            <p>CSS3 所提供的动画功能，主要包括变形、转换和动画技术。变形是最基本的动画形式，它主要通过 CSS 控制元素样式属性值的变化来实现</p>
        </figcaption>
    </figure>
    <figure>
        <a href="reflection.html">
        <img src="style/images/reflection.jpg"/></a>
        <figcaption>
            <h3><a href="reflection.html">美丽的倒影</a></h3>
            <p>CSS3 新增了 CSS Reflections 模块，运行 CSS 设计倒影效果，这种效果在以前只能通过图片软件进行设计，CSS Reflections 简化了这种操作，允许用户只使用样式就可以实现倒影效果</p>
        </figcaption>
    </figure>
    <figure>
        <a href="video.html"><img src="style/images/wflife.jpg"/></a>
        <figcaption>
            <h3><a href="video.html">精彩视频播放</a></h3>
            <p>HTML5 video 和 audio 两个元素的出现让 HTML5 的媒体应用多了选择，开发人员不必使用插件就能播放音频和视频</p>
        </figcaption>
    </figure>
    <figure>
        <a href="scanBig.html"><img src="style/images/cover.jpg"/></a>
        <figcaption>
            <h3><a href="scanBig.html">浏览大图</a></h3>
            <p>移动浏览大图哦</p>
        </figcaption>
    </figure>
```

```
        <figure>
            <a href="drag.html"><img src="style/images/1.jpg"/></a>
            <figcaption>
                <h3><a href="drag.html">动态拖曳</a></h3>
                    <p>不使用复杂的 JavaScript 代码，只使用 HTML5 的拖放功能就可以实现动态
                    拖曳效果</p>
            </figcaption>
        </figure>
        <figure>
            <a href="webworker.html"><img src="style/images/lt.jpg"/></a>
            <figcaption>
                <h3><a href="webworker.html">聆听</a></h3>
                    <p>仔细聆听那美好的文字</p>
            </figcaption>
        </figure>
</section>
```

运行结果如图 S8-3 所示。

点击"聆听"跳转到"webworker.html"文件，运行结果如图 S8-4 所示。

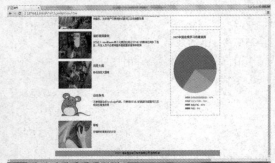

图 S8-3　首页增加"聆听"链接　　　　　　图 S8-4　打字效果页面

拓展练习

使用多线程实现 1+3+5+⋯+99 的求和运算，并展示在主页面上。

实践 9　CSS3

实 践 9.1

利用 CSS3 实现首页中右侧内容边框的圆角效果。

【分析】

修改样式文件，使右侧边框显示为圆角边框。

【参考解决方案】

在站点上新建文件夹，命名为"ph09"，拷贝 ph08 文件夹下的所有文件到 ph09 文件夹中，打开"index.html"，修改页面样式如下：

```
#right aside{
    border-radius:15px;
    padding:15px;
    margin-top:15px;
}
```

上述代码中，设置<aside>边框圆角为 15 像素，运行结果如图 S9-1 所示。

图 S9-1　圆角边框

实践 9.2

利用 HTML5 实现头部文字的阴影效果。

【分析】

通过设置"text-shadow"属性,实现头部文字的阴影效果。

【参考解决方案】

打开"index.html",修改样式代码如下:

```css
#hdes{
    float:left;
    font-family:Arial, Helvetica, sans-serif;
    font-size:30px;
    color:black;
    font-weight:bold;
    /*设置阴影效果*/
    text-shadow:0.1em 0.1em 0.2em black;
}
```

上述代码中,设置文件向右、向下偏移"0.1em",模糊半径设置为"02.em",阴影颜色为黑色,运行结果如图 S9-2 所示。

图 S9-2　网页标题的阴影效果

实践 9.3

改变盒模型模式。

【分析】

修改首页热点文章的间隔。

【参考解决方案】

打开"index.html"页面并修改样式如下：

```
#hotNews ul li{
    height:35px;
    padding-bottom:10px;
    box-sizing:border-box;
    margin-left:-25px;
    font-size:13px;
}
```

上述代码中，"padding-bottom:10px"会使<li>的高度在原来的基础上增加 10 像素，而设置了"box-sizing:border-box"后，则不会加高 10 像素。运行结果如图 S9-3 所示。

图 S9-3　变更热点文章行间隔

实 践 9.4

使用变形。

【分析】

使用变形及动画效果为导航栏添加移动效果。

【参考解决方案】

打开"index.html"页面并添加导航栏鼠标移动样式，代码如下：

```
nav ul li:hover{
    background:#333333;
    cursor:pointer;
```

```
        -webkit-transform:translate(6px,6px);
        -webkit-transition-duration:0.5s;
}
```

上述代码定义鼠标移动到导航栏时<li>向右、向下移动 6 像素，并且持续 0.5 秒，运行结果如图 S9-4 所示。

图 S9-4　导航栏动画效果

实 践 9.5

设计漂亮的涂鸦墙。

【分析】

使用 transform 实现动态效果。

【参考解决方案】

(1) 新建 HTML5 文件 "graffiWall.html"，并编写代码如下：

```
<!DOCTYPE HTML>
<html>
<head>
<meta charset="utf-8">
<title>涂鸦墙</title>
<link rel="stylesheet" type="text/css" href="style/common.css">
<style>
    #left ul li{
        float:left;
        list-style:none;
```

```css
            border:1px solid #9CF;
            margin:20px;
            -webkit-transition-duration:0.5s;
    }
    /*鼠标移上放大1.5倍*/
    #left ul li:hover{
            -webkit-transform:scale(1.5);
    }
    /*偶数元素旋转10度*/
    #left ul li:nth-child(even){
            -webkit-transform:rotate(10deg);
    }
    /*偶数元素移上下移20像素*/
    #left ul li:nth-child(even):hover{
            -webkit-transform:translate(0,20px);
    }
    /*第一个元素在X轴倾斜20度*/
    #left ul li:nth-child(1){
            -webkit-transform:skewX(20deg);
    }
    #left ul li:last-child{
            -webkit-transform:skewY(30deg);
    }
</style>
</head>
<body>
    <div class="header">
    <iframe src="header.html" width="1000" height="145" marginheight="0"
    marginwidth="0" frameborder="0"></iframe>
    </div>
    <div id="mainContent">
    <div id="left">
    <ul>
    <li><img src="style/images/pic1.png" width="100" height="100" /></li>
    <li><img src="style/images/pic2.png" width="100" height="100" /></li>
    <li><img src="style/images/pic3.png" width="100" height="100" /></li>
    <li><img src="style/images/pic4.png" width="100" height="100" /></li>
    <li><img src="style/images/pic5.png" width="100" height="100" /></li>
    <li><img src="style/images/pic6.png" width="100" height="100" /></li>
    <li><img src="style/images/pic7.png" width="100" height="100" /></li>
```

```
        <li><img src="style/images/pic8.png" width="100" height="100" /></li>
        <li><img src="style/images/pic9.png" width="100" height="100" /></li>
        <li><img src="style/images/pic10.png" width="100" height="100" /></li>
      </ul>
    </div>
  </div>
</body>
</html>
```

上述代码中,分别使用了 transform 属性的 scale()函数实现放大效果,使用 rotate()函数实现旋转效果,使用 skewX()、skewY()函数实现倾斜效果,运行结果如图 S9-5 所示。

图 S9-5 利用 transform 实现的涂鸦墙

(2) 修改"index.html"页面代码,使之可以链接到本页面,代码如下:

```
<figure>
    <a href="graffiWall.html"><img src="style/images/pic1.png"/></a>
    <figcaption>
        <h3><a href="graffiWall.html">漂亮的涂鸦墙</a></h3>
        <p>CSS3所提供的动画功能,主要包括变形、转换和动画技术。变形是最基本的动画形式,
        它主要通过CSS控制元素样式属性值的变化来实现</p>
    </figcaption>
</figure>
```

实 践 9.6

设计图片翻转效果。

【分析】

实现首页图片动态翻转。

【参考解决方案】

打开"index.html"页面,添加样式代码如下:

```
#left section:nth-child(1){
    -webkit-animation-name:x-spin;
    -webkit-animation-duration:10s;
    -webkit-animation-iteration-count:infinite;
    -webkit-animation-timing-function:linear;
}

@-webkit-keyframes x-spin{
    0%{
        -webkit-transform:rotate(0deg);
    }
    50%{
        -webkit-transform:rotateX(180deg);
    }
    100%{
        -webkit-transform:rotateX(360deg);
    }
}
```

上述代码中,"animation-name:x-spin"定义动画的名称,便于下面进行调用;"animation-duration:10s"定义动画持续时间;"animation-iteration-count:infinite"定义动画无限次循环执行;"animation-timing-function:linear"定义动画线性展开。运行结果如图S9-6所示。

图 S9-6　图片翻转效果

实践 9.7

设计倒影。

【分析】

使用 reflect 属性实现倒影效果。

【参考解决方案】

新建 HTML5 页面 "reflection.html" 并编写代码如下：

```html
<!DOCTYPE HTML>
<html>
<head>
<meta charset="utf-8">
<title>倒影</title>
<link rel="stylesheet" type="text/css" href="style/common.css">
<style>
    img{
        width:670px;
        height:300px;
        border:1px solid #9CC;
        /*定义倒影*/
        -webkit-box-reflect:below 5px -webkit-gradient(linear,left top,left bottom,from(transparent),color-stop(0.2,transparent),to(white));
    }
</style>
</head>
<body>
    <div class="header">
    <iframe src="header.html" width="1000" height="145" marginheight="0" marginwidth="0" frameborder="0"></iframe>
    </div>
    <div id="mainContent">
        <img src="style/images/reflection.jpg" />
    </div>
</body>
</html>
```

上述代码中利用 reflect 属性实现倒影效果，并且渐变成白色，实现一种朦胧效果。运行结果如图 S9-7 所示。

图 S9-7 倒影效果

修改"index.html"页面代码，使之可以链接到本页面，代码如下：

```
<figure>
    <a href="reflection.html"><img src="style/images/reflection.jpg"/></a>
    <figcaption>
        <h3><a href="reflection.html">美丽的倒影</a></h3>
        <p>CSS3新增了CSS Reflections模块，运行CSS设计倒影效果，这种效果在以前只能
        通过图片软件进行设计，CSS Reflections简化了这种操作，允许用户只使用样式就可以
        实现倒影效果</p>
    </figcaption>
</figure>
```

实践 9.8

文字溢出处理。

【分析】

实现首页热点文章标题在一行中显示。

【参考解决方案】

打开"index.html"文件并修改代码如下：

```
#hotNews ul li{
    height:35px;
    padding-bottom:10px;
    box-sizing:border-box;
    margin-left:-25px;
    font-size:13px;
    /*设置在一行内显示，如果超出一行，则自动添加省略号*/
    white-space:nowrap;
    overflow:hidden;
```

```
        text-overflow:ellipsis;
}
```

运行结果如图 S9-8 所示。

图 S9-8 处理文字溢出效果

实践 9.9

实现半透明效果。

【分析】

使用 opacity 属性实现遮罩效果。

【参考解决方案】

新建 HTML5 文件"scanBig.html"并编写代码如下：

```
<!DOCTYPE HTML>
<html>
<head>
<meta charset="utf-8">
<title>浏览大图</title>
<link rel="stylesheet" type="text/css" href="style/common.css">
<style>
        #shade{
                left:0;
                top:0;
                width:100%;
                height:100%;
                background:#000;
                opacity:0.7;
```

```css
            position:absolute;
            z-index:2;
    }
    #up{
            position:absolute;
            width:1000px;
            left:50%;
            top:20%;
            margin-left:-500px;
            z-index:3;
    }
    #up ul li{
            list-style:none;
            float:left;
            width:210px;
            height:150px;
            padding-right:10px;
            box-sizing:border-box;
    }
    #up ul li img{
            width:200px;
            height:150px;
            -webkit-transition-duration:1s;
    }
    #up ul li img:hover{
            -webkit-transform:rotate(360deg) scale(4) translate(10px,10px);
    }
    #up p{
            font-size:14px;
    }
</style>
</head>
<body>
    <div id="up">
        <p>移上浏览大图</p>
            <ul>
        <li>
            <img src="style/images/cover.jpg"/>
        </li>
        <li>
```

```html
                <img src="style/images/cover2.jpg"/>
            </li>
            <li>
                <img src="style/images/cover3.jpg"/>
            </li>
        </ul>
    </div>
        <div id="shade"></div>
        <div class="header">
        <iframe src="header.html" width="1000" height="145" marginheight="0" marginwidth="0" frameborder="0"></iframe>
    </div>
        <div id="mainContent">
        <div id="left">
        </div>
        <div id="right">
        </div>
    </div>
</body>
</html>
```

上述代码中,使用"opcacity:0.7"定义遮罩半透明并进行覆盖,使用 transfrom 属性实现放大旋转效果,如图 S9-9 所示。

图 S9-9 半透明效果

使用 CSS3 设计个人空间主页,素材不限,突出绚丽与实用。